多灾种重大自然灾害综合风险评估与防范技术研究（2018YFC1508800）

地震地质灾害链风险识别与评估

吴绍洪　刘燕华　岳溪柳　著

科学出版社

北　京

内 容 简 介

中国复杂的孕灾环境和承灾体分布格局，导致多种自然灾害共生的区域特征日益显现。现代的防灾减灾需要在传统的单灾种评估、防范手段和管理模式基础上，探索多灾种风险的识别、评估与防范。本书贯彻国家防灾减灾救灾"两个坚持"和"三个转变"新方针：坚持以防为主、防抗救相结合，坚持常态减灾和非常态救灾相统一；努力实现从注重灾后救助向注重灾前预防转变，从应对单一灾种向综合减灾转变，从减少灾害损失向减轻灾害风险转变。针对地震−滑坡−堰塞湖−淹没洪水灾害链，以西南山区汶川地震极重灾区为例，重点研究多灾种风险识别的机制与损失定量评估技术方法，并提出灾害链多灾种风险管理与防范构想。

本书注重科学性、实用性和可操作性，可供多灾种风险防范领域科技工作者、管理人员和高等教学人员等参考。

图书在版编目(CIP)数据

地震地质灾害链风险识别与评估 / 吴绍洪，刘燕华，岳溪柳著.
—北京：科学出版社，2020.5
ISBN 978-7-03-064525-8

Ⅰ.①地… Ⅱ.①吴… ②刘… ③岳… Ⅲ.①地震灾害–风险评价
Ⅳ.①P315.9

中国版本图书馆 CIP 数据核字（2020）第 032745 号

责任编辑：李　敏　杨逢渤 / 责任校对：樊雅琼
责任印制：吴兆东 / 封面设计：无极书装

科学出版社 出版
北京东黄城根北街 16 号
邮政编码：100717
http://www.sciencep.com

北京虎彩文化传播有限公司 印刷
科学出版社发行　各地新华书店经销
*
2020 年 5 月第 一 版　开本：720×1000　1/16
2020 年 5 月第一次印刷　印张：10 3/4
字数：220 000
定价：148.00 元
（如有印装质量问题，我社负责调换）

作者简介

吴绍洪

中国科学院地理科学与资源研究所研究员，博士，博士生导师。主持"多灾种重大自然灾害综合风险评估与防范技术研究""重点领域气候变化影响与风险评估技术研发与应用""综合全球环境变化风险防范关键技术研究与示范"等多项科学技术部重点项目和课题。在自然灾害风险定量化评估与未来风险预估等方面取得系列成果；发表科研论文230余篇（部），其中SCI论文80余篇。获2018年国家科学技术进步奖二等奖（第2）；2017年北京市科学技术奖二等奖（第2）；2012年云南省自然科学奖一等奖（第2）；2012年中国测绘学会优秀地图作品裴秀奖银奖（第8）；2009年中国科学院杰出科技成就奖（主要完成人）；诺贝尔和平奖（IPCC集体奖，2007）；2004年环境保护科学技术奖二等奖（第4）；被评为科学中国人（2017）年度人物。

刘燕华

中国科学院地理科学与资源研究所研究员，博士，博士生导师，享受国务院政府特殊津贴。原科技部副部长，现任国务院参事、国家气候变化专家委员会主任委员、创新方法研究会理事长、国际欧亚科学院院士等。长期从事资源环境、气候变化、绿色发展、防灾减灾、风险管理、创新方法和可持续发展等领域的研究和科技管理工作。出版专著30余部，在国内外核心学术期刊发表论文150余篇。

岳溪柳

中国科学院地理科学与资源研究所博士，中国再保险（集团）股份有限公司博士后，中国地震、台风巨灾模型研发人员。主要研究方向为自然灾害风险、气候变化风险、巨灾保险。主持博士后科学基金"基于地震事件集的滑坡巨灾保险风险模型关键技术研究"，参与"中国重大自然灾害风险等级综合评估技术研究""依托大数据的突发性公共安全事件预警与决策模拟平台""多灾种重大自然灾害综合风险评估与防范技术研究""地震保险损失评估模型与应用研究"等多项科学技术部及中国科学院重大项目与课题，在自然灾害综合风险定量评估方面取得一定成果，参编专著2部，在国内外核心学术期刊上发表论文10余篇。

前　言

中国自然灾害严重，对社会经济影响巨大。复杂的孕灾环境和承灾体分布格局，使多种灾害共生的区域特征日益显现。现代的防灾减灾工作需要基于传统的单灾种评估、防范手段和管理模式，探索多灾种风险的识别、评估与防范。中国高度重视自然灾害的防控工作，习近平总书记强调：要总结经验，进一步增强忧患意识、责任意识，坚持以防为主、防抗救相结合，坚持常态减灾和非常态救灾相统一。《中共中央 国务院关于推进防灾减灾救灾体制机制改革的意见》（简称《意见》）提出防灾减灾救灾"两个坚持"和"三个转变"新方针：坚持以防为主、防抗救相结合，坚持常态减灾和非常态救灾相统一；努力实现从注重灾后救助向注重灾前预防转变，从应对单一灾种向综合减灾转变，从减少灾害损失向减轻灾害风险转变。同时，《意见》明确了五项基本原则：坚持以人为本；坚持以防为主、防抗救相结合；坚持综合减灾，统筹抵御各种自然灾害；坚持分级负责、属地管理为主；坚持党委领导、政府主导、社会力量和市场机制广泛参与。

灾害风险评估与防范是减灾与应急管理的重要组成部分，各国政府、组织与学界对此已达成共识。国内外大量自然灾害风险研究表明，灾害风险由致灾因子危险性、承灾体脆弱性和减灾能力共同决定。中国单灾种研究基础好，从致灾因子的活动规律到紧急救援和灾后重建都取得了丰富的成果，开展了综合风险与减灾能力调查的系列研究。随着灾害评估向成因机理推进，针对地震、滑坡、洪水等不同类型的灾害，为突出孕灾环境、社会经济要素紧密结合的需求，评估方法趋向半定量或定量评估发展。由于多灾种风险涉及多致灾因子内在关联机制、时空复杂作用及其对同一承灾体的脆弱性和复合性，精细化、定量化的多灾种灾害风险识别与评估是目前自然灾害综合风险研究的难点问题。

地震–滑坡–堰塞湖灾害链是山区地震后具有级联关系和因果效应的典型灾害链，体现了地震与山地灾害之间的时空连续性。当前，地震地质灾害链的研究仍在不断探索之中，地震–滑坡–堰塞湖灾害链的研究面临以下挑战：①地震–滑坡–堰塞湖灾害链的级联效应需要深入探索，以进一步明晰该灾害链的风险传递机制；②已有的灾害链研究多以单链节分析为主，多链节的定量灾害风险研究和风险评估技术方法需要进一步优化。针对这些问题，本书选取西南山区汶川地震极重灾区进行示范研究，通过耦合多模型，构建地震–滑坡–堰塞湖–淹没洪水灾害链风险传递模拟方法，定量探讨地震–滑坡–堰塞湖–淹没洪水灾害链致灾因子风险传递的因果效应（次级灾害受上级灾害影响的发生概率及成灾强度），并初探灾害链风险评估技术方法及多灾种风险防范技术体系。

本书的章节及内容安排如下：第 1 章，介绍研究背景、研究进展、研究思路；第 2 章，介绍研究区自然、社会经济状况及地震地质灾害发育概况；第 3 章，介绍地震地质灾害链孕灾环境特征；第 4 ~ 6 章，介绍地震地质灾害链的级联关系、成险机理、因果效应评估方法；第 7 章，依据灾害风险理论，介绍地震地质灾害链风险评估技术方法和评估结果；第 8 章，介绍多灾种风险防范技术体系的初步设想。

目前，多灾种综合风险评估与防范的系统研究尚处于起步阶段，还有很多内容需要深入探索，如原生灾害与次生灾害的因果传递定量估算，致灾因子活动机制与承灾体损失之间的定量关系等。

作者深知探索道路漫长、艰辛，针对这些科学问题，希望能与读者一起，继续在学术前沿不断求索，为国家防灾减灾事业尽一份力量。限于作者水平与研究深度，书中疏漏和不足之处，敬请读者批评指正。

作 者

2019 年 4 月 25 日

目　录

第1章 | 地震地质灾害链风险内涵和研究概述

1.1 地震地质灾害链研究背景及意义

1.1.1 研究背景

1. 地壳活动剧烈，地震及其次生灾害频发

近年来地震活动有增强的趋势，多地板块运动活跃，重大地震灾害频繁发生（Cirella et al., 2009；Hubbard and Shaw, 2009；Lay et al., 2009；Song et al., 2009；Beavan et al., 2010；Calais et al., 2010；Havenith and Bourdeau, 2010；Simons et al., 2011；Vigny et al., 2011；王静等，2015），震防形势严峻。据美国地质调查局（United States Geological Survey, USGS）估计，全球每年有数百万次的地震，平均每天都有地震发生（USGS, 2013）。

中国位于世界两大活跃的地震带——环太平洋地震带与欧亚地震带之间，地震活动频繁，具有频度高、强度大、分布广、震源浅、灾害损失严重等特点（马宗晋和高庆华，2001；马宗晋和赵阿兴，1991；王静爱等，2006）。根据21世纪以来仪器记录的资料统计，中国地震占全球大陆地震的33%。中国平均每年发生30次5级以上地震，6次6级以上强震，1次7级以上大震（潘懋和李铁峰，2002）。地震灾害的发生，引发滑坡、崩塌、泥石流、堰塞湖等次生灾害。例如，1933年8月25日，四川叠溪7.5级地震造成许多滑坡和崩塌，形成12个堰塞湖（柴贺军等，1995a，1995b）；1999年9月21日，台湾集集镇7.6级地震诱发2600处滑坡，导致大量斜坡地表松动、破碎（Lin et al., 2004）；2008年5月12日，四川汶川8.0级地震引发崩塌、滑坡、堰塞湖等次生灾害共计11 407处，其中滑坡4800处、崩塌3290处、不稳定斜坡1920处、泥石流1277处、地面塌陷65处、地裂缝55处（张永双等，2013）；2014年8月3日，云南鲁甸6.5级地震造成山体滑坡1050处（刘宁，2014）。

根据中国地质调查局资料，常规统计的六大地质灾害（滑坡、崩塌、泥石流、地面塌陷、地裂缝和地面沉降）中，滑坡灾害发育最为广泛，比例高达50.6%~86.1%，占全年地质灾害一半以上。其中，很大一部分是由地震导致地表坡体因地震产生的大量松散物质，随后在强降水作用下形成的滑坡、崩塌地质灾害，从而表现为即时或非即时的地震次生灾害链（李文鑫等，2014）。例如，汶川地震之后的2008~2011年，四川每年发育668次、934次、2161次、1997次山体滑坡（Chen et al.，2016）。根据杨志华（2014）和Chen等（2016）的研究成果，次生灾害一般在震后进入活跃期，崩塌、滑坡的活跃期将持续5~10年。2017年6月24日，四川茂县新磨村发生灾难性山体滑坡，堵塞河道2km，损毁道路1600余米。这次山体滑坡就是岩体受叠溪地震和后期的多次地震（包括汶川地震）破坏，并遭遇暴雨而引发的滞后型滑坡灾害的实例（Fan et al.，2017）。

2. 地震地质灾害风险突出，灾害损失严重

地震及其次生灾害给人类社会造成重大人员伤亡和财产损失（Janeen，1991；陈颙和史培军，2007）。多类灾害同时发生或相继发生放大了灾害效应，多灾种较单灾种具有灾损更为严重、影响更为深远等特点。

依据国务院新闻办公室2009年发表的《中国的减灾行动》白皮书，中国70%以上的城市、50%以上的人口和76%以上的工农业产值均分布在气象、地质和海洋等自然灾害严重的地区，地震发生的频率与强度位居世界之首，滑坡、泥石流等山地灾害也连年不断。1990~2009年，中国主要地震灾害共造成直接经济损失8876.15亿元，平均每年约443.81亿元；造成70 358人死亡，442 684人受伤。根据国土资源部公布的2001~2009年《中国地质环境公报》及《全国地质灾害通报》，中国平均每年发生崩塌、滑坡、泥石流等突发性地质灾害29 391起，伤亡人数1600余人；每年因滑坡、泥石流等造成的直接经济损失约36.72亿元，间接损失更是难以估量。2010~2017年，中国地震灾害造成直接经济损失2642.76亿元，人口伤亡37 217人，年均直接经济损失和年均人口伤亡人数分别为330.35亿元和4652人；滑坡等山地灾害造成直接经济损失425.18亿元，人口伤亡6439人（缺失2012年和2017年数据），年均直接经济损失和年均人口伤亡人数分别为53.15亿元和1073人。

于个别事件而言，造成上千人死亡的滑坡巨灾案例颇多。例如，2017年6月24日，四川茂县新磨村突发山体高位垮塌，造成河道堵塞2km，100余人被掩埋；2008年，四川汶川地震直接经济损失高达8452.15亿元，截至2008年9月18日12时，地震共造成69 227人死亡，374 643人受伤，17 923人失踪；2014年8月3日，云南鲁甸发生6.5级地震，截至2014年8月8日15时，地震共造成108.84万人受灾，617人死亡，112人失踪，3143人受伤，22.97万人紧急转移安置（刘宁，2014）；1933 年，四川叠溪地震形成的堰塞湖淹没导致 2000 余人死亡；1920 年，宁夏海原地震诱发的黄土滑坡造成 27 万余人死亡。大型地震滑坡的发生，带来了巨大的人口伤亡及财产损失风险，地震滑坡巨灾风险防范成为山地地区防灾救灾关注的重点问题。

3. 自然灾害及其风险研究向多灾种研究发展

在自然灾害基础研究的发展进程中，20 世纪 90 年代之后，灾害的预防、应急、减灾等问题受到了全球各界的广泛关注。1994 年，第一届世界减灾大会指出，灾害风险和脆弱性评估是防灾减灾的基础；1999 年，联合国国际减灾战略（United Nations International Strategy for Disaster Reduction，UNISDR）强调要全面评估自然灾害风险，重视人类社会活动对灾害脆弱性的贡献；2003 年，第一届世界风险大会提出，灾害研究要从重视灾后分析转向灾害风险管理和风险政策的灾前研究；2005 年，第二届世界减灾大会提出，更有效地将灾害风险因素纳入各级政府的可持续发展政策、规划和方案是实现国家减灾战略目标的重要保证。随后，国际综合风险防范（Integrated Risk Governance，IRG）核心科学计划、"降低灾害风险"（disaster risk reduction）战略计划、灾害风险综合研究计划（Integrated Research on Disaster Risk，IRDR）等多项国际灾害风险防范计划相继推进，促进减灾防灾工作前移，在防灾这一环节上开展工作，有效预防和避免灾害损失。在这一过程中，灾害专家发现单灾种风险评估并不足以反映该地区的风险总况。因此，在 1992 年，《21 世纪日程》开始提出多灾种（multi-hazards）概念之后，《中非合作论坛——约翰内斯堡行动计划》《2005—2015 年兵库行动框架》等多个发展战略及国际会议均相继提出了多灾害问题及减灾防灾框架。相关的发展历程如图 1-1 所示。

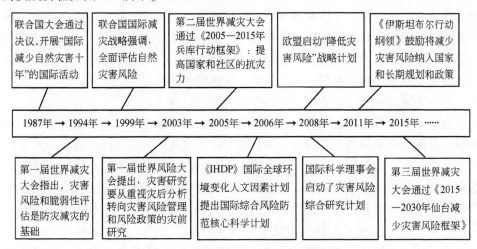

图 1-1　自然灾害及其风险研究发展历程

现阶段,在科学研究领域,关于多灾种的研究仍在初步探索阶段。多灾种研究主要体现在两个方面:①一定区域范围内不具备必然相关性的群发式多种灾害的研究,如地震、干旱、洪水等;②一定区域范围内的具有诱发关系的多种灾害的研究(Shi, 2002;Keefer, 2002;Marzocchi et al., 2009;Kappes et al., 2012;Wang et al., 2013),如地震、滑坡、堰塞湖、泥石流等具有因果关系的多种灾害的研究。前者侧重多个单种灾害的叠加效应分析,而后者更多地考虑灾害之间的相互关系。由于灾害系统的复杂性及多灾种研究刚刚起步发展的局限性,灾害链系统及其风险的研究仍在进一步推进中。尤其,运用一定的数学方法,构建考虑多种灾害间因果关系的多灾种(灾害链)研究,还处于起步阶段,尚未形成统一成熟的理论和方法体系,需要科学界进一步探索。

1.1.2 研究意义

中国是地震灾害多发国家之一,地震灾害通常引发滑坡、崩塌、堰塞湖、山洪等次生灾害,灾情严重,损失巨大,减灾救灾,预防先行,预警机制和风险控制在灾害预防工作中至关重要。地震灾害链及其风险研究,通过分析多个灾种之间的级联关系、因果效应,从而实现多灾种的综合风险评估,对推进自然灾害学方法体系的构建及推进社会和谐可持续发展具有重要的理论和现实意义。

1. 理论意义

(1) 有利于灾害链系统理论发展

地震灾害链及其风险研究是多学科、多领域的交叉融合,涉及地理学、地质学、水文学、社会学、经济学等多个学科领域,由于灾害链的形成机理复杂、预报难度大、防范要求高等特点,其相关研究近些年来才刚刚起步,尚未形成统一成熟的理论体系。本书通过探讨灾害链的级联关系、因果效应及灾害链风险理论,对灾害链系统理论的发展可以起到一定的推动作用。

(2) 有利于推进多灾种自然灾害风险评估方法体系

近年来,各种灾害之间的相关性已经得到国内外学者的关注,联合国环境规划署、美国联邦紧急事务管理局、联合国国际减灾战略署等国际机构发布的国际发展战略计划中均提出了多灾种研究战略计划。多灾种尤其是灾害链风险评估的思路方法、指标体系和技术手段等还处于探索的阶段,缺少相关的风险评估系统理论与方法。本书基于灾害链的因果效应及承灾体脆弱性,通过构建多链节灾害链风险框架,初探了一种灾害链多灾种风险评估方法,该方法可以在一定程度上推进相关研究由传统的统计分析向灾害过程数值模拟方向发展,灾害链过程及风险研究由定性向定量方向发展。

2. 实践意义

基于地震地质灾害链风险评估结果，采取有效的方式进行风险管理，可以减少地震地质灾害对社会、经济、自然与环境系统的破坏和损失，对国家和各级政府的灾前预防和灾后救援及人民的人身安全和经济财产安全具有重要的意义。

（1）为防灾预警提供联动防灾的技术支撑

在实际的灾害过程中，灾害链呈现多种灾害在时空上不断演化的态势，使得其造成的危害和影响远比单一灾害事件大而深远。面对中国越来越严峻的地震地质灾害形势，传统的单灾种防御及其工程治理技术手段已经难以满足综合防灾减灾的实际需求。多灾种之间相互作用和诱发关系的研究，对防灾减灾具有更直接的指导意义。2018年以前中国地震灾害由中国地震局管理，滑坡灾害由国土资源部管理、堰塞湖山洪灾害由水利部管理，多种存在诱发关系的灾害在预警和管理上缺乏整体的全链条联动系统。政府机构改革以来，减灾防灾职能统一归整，相关应急联动与减灾举措需要综合多灾种体系研究来支撑。因此，开展多灾种风险研究可以为加强各部门的协同和制定联动应急方案提供更合理的技术支撑，为减灾策略、减灾途径等的选择提供重要依据。

（2）为灾害风险评估和管理规范的建立提供依据

国家层面开展的地震地质灾害风险管理措施主要有防灾减灾立法、县市地质灾害调查与区划、地质灾害群测群防、地质灾害监测预警及地质灾害治理工程等。我国还未形成统一的灾害链风险评估与管理指南，更没有形成完善的灾害链风险管理体系，因此本书可以为灾害风险（尤其是灾害链）评估和管理规范的建立提供有效依据。

（3）为灾害保险体制的建立与保险产品的发展提供借鉴

保险是灾害风险转移的重要手段，部分发达国家的灾害保险偿付能力已经达到灾害损失的60%～70%，而我国保险偿付能力不足灾害损失的5%，相关灾害保险体制更没有建立完善。究其原因，除了与资金偿付能力、法律制度等因素有关外，还与灾害风险的定量化评估水平有很大关系。多灾种风险评估存在空间环境的交叉和灾害损失的重叠等特征，因此理清灾害链风险评估的关键，开展链式多灾种综合风险评估，可以为多灾种综合保险提供切实的科学依据，从而建立地震（及次生灾害）保险制度，推进相关保险产品的发展。

1.1.3 研究目标及内容

1. 研究目标

在震后山地灾害频发的大背景下，选择具有典型山区特征的青藏高原东缘构造运动活跃地带的汶川地震极重灾区作为研究区，分析地震–滑坡–堰塞湖（滞水洪水）灾害链过程的级联关系和因果效应，研究灾害链多灾种风险传递过程耦合；基于灾害系统风险理论，综合考虑灾害链致灾因子危险性、各链节灾害强度易损性及承灾体暴露度，探索灾害链风险评估理论，进而针对研究区探索灾害链多灾种风险评估技术方法。

2. 研究内容

依据需要解决的关键科学问题，本书主要研究内容包括以下三个方面。

（1）地震型滑坡及堰塞湖灾害孕灾环境的因子分析

基于历史灾害数据及研究区的背景环境数据，运用统计分析方法分析研究区内历史滑坡及堰塞湖在各孕灾环境中的分布特征，判别滑坡及堰塞湖的关键孕灾环境因子。

（2）地震–滑坡–堰塞湖（滞水洪水）灾害链模型耦合及级联效应分析

基于地震动参数及各孕灾环境要素数据，运用 Newmark 模型进行地震滑坡危险性识别，通过分析震后坡体永久位移，实现地震滑坡的风险传递模拟；基于震后坡体移动位移的大小，进行滑坡物源区识别，运用 RockFall Analyst 模型对风险物源进行岩土运动轨迹模拟和堆积量分析，实现岩土运动及堆积的风险传递；基于滑坡堆积体与河道的交汇关系及滑坡堆积量的大小，运用滑坡–堰塞湖几何特征模型判别堰塞湖形成的几何特征，实现滑坡堰塞湖的风险传递；构建堰塞湖的滞水淹没模型，识别堰塞湖的淹没面积、淹没深度及淹没频次；从而完成区域范围内的地震–滑坡–堰塞湖（滞水洪水）灾害链多模型耦合及级联效应分析。

（3）地震–滑坡–堰塞湖（滞水洪水）灾害链风险研究

基于地震–滑坡–堰塞湖（滞水洪水）灾害链过程中致灾因子间的级联效应及各链节灾害的脆弱性特征，探讨滞后型地震–滑坡–堰塞湖（滞水洪水）灾害链的成险机制和风险评估技术方法。结合单灾种易损性曲线，以及研究区的人口密度和经济密度分布，依据自然灾害风险理论，实现研究区的地震–滑坡–堰塞湖（滞水洪水）灾害链风险研究。

3. 技术路线

基于研究目标、研究内容和总体思路，本书的技术路线图如图 1-2 所示。

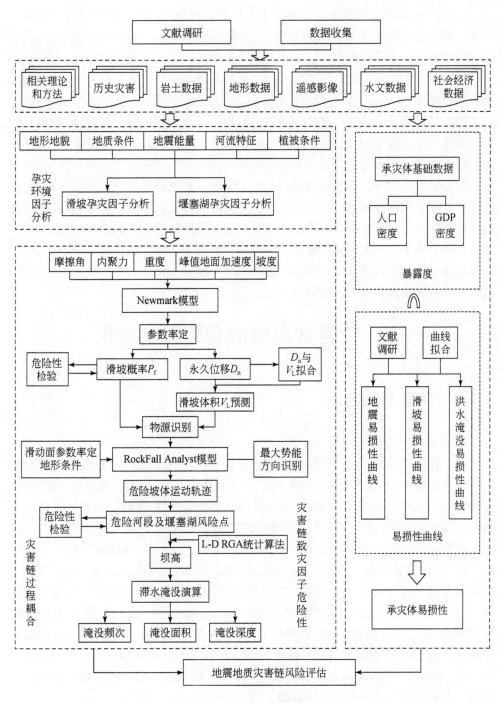

图 1-2　技术路线图

以山区地震–滑坡–堰塞湖（滞水洪水）灾害链为主要研究对象，分析地震、滑坡、堰塞湖（滞水洪水）之间的级联关系和因果效应，并探索灾害链风险研究的技术方法。基于研究目标，本书通过文献调研和数据收集，在分析相关理论和方法的基础上，运用统计分析法对历史滑坡及堰塞湖灾害进行孕灾环境控制因子识别；运用 Newmark 模型对地震型滑坡进行危险性分析，并运用历史灾害数据对模型评估结果进行验证；建立历史灾害数据拟合永久位移 D_n 与滑坡体积 V_L 之间的曲线关系，筛选大概率及大位移的滑坡危险点作为滑坡的物源区，运用 RockFall Analyst 模型分析危险坡体运动轨迹；运用空间分析方法分析坡体运动轨迹与河流的交汇情况，识别滑坡堵江的危险河段及堰塞湖风险点；运用 L-D RGA 统计算法评估堰塞湖风险点的可能坝高；建立滞水淹没洪水模型，识别堰塞湖的淹没面积、淹没深度和淹没频次，从而完成灾害链级联过程的关系分析和因果效应的模拟。基于自然灾害风险理论，探索灾害链风险评估方法；运用研究区承灾体暴露度（人口密度和 GDP 密度）资料，综合地震、滑坡、洪水淹没灾害的易损性曲线，完成灾害链的风险评估。

1.2 灾害链风险内涵和风险理论

1.2.1 灾害链的内涵

1. 灾害链的定义

关于灾害链的概念，不同研究背景的学者存在不同的理解，灾害链的研究内容与方法也各不相同。在国内，20 世纪 80 年代末至 90 年代初，灾害链的概念最早作为一个灾害学的基本理论问题被提出（郭增建和秦保燕，1987；史培军，1991）。随着研究的深入，灾害链概念的研究有了较大的发展，灾害间的相互关系、灾害与社会间的关系也得到了众多学者的关注，出现了地理学角度（史培军，1991）、灾害风险角度（Delmonaco et al.，2006；Carpignano et al.，2009）、数学与物理角度（黄崇福，2006；刘文方等，2006；姚清林，2007）、工程减灾角度（肖盛燮等，2006）、哲学角度（Helbing and Kühnert，2003）等众多研究视角的概念和定义。诸多国外学者也提出级联效应（Delmonaco et al.，2006；Carpignano et al.，2009）、耦合事件（Marzocchi et al.，2009）、多米诺效应（Luino，2005；Perles Roselló and Prados，2010）等术语，用于描述灾害链内涵，解释一种灾害引发另一种灾害的现象。

总体而言，灾害链是包括一组灾害元素的复合体系，链中诸灾害要素之间和

诸灾害子系统之间存在着一系列自行连续发生反应的相互作用，其作用的强度使该组灾害具有整体性。灾害链的表达式为

$$S(n) = \{S_G0(n), R_a, E\} \tag{1-1}$$

式中，灾害链 $S(n)$ 由 n 个相互关联的灾害元素组成，$n \geq 2$；$S_G(n)$ 为灾害链元素，也是一个子灾害系统；R_a 为灾害元素之间的级联效应（即关联关系）；E 为灾害链所处的环境。

灾害元素（多级灾害）之间的级联效应（R_a）在本书中主要定义为灾害之间的级联关系和因果效应。其中，级联关系指灾害链中上级灾害的某种要素直接影响下级灾害发生的机制；而因果效应则指灾害链中上级灾害导致下级灾害发生的概率和灾害强度。级联关系体现了灾害链上下级灾害之间单向影响的定性关系，而因果效应则体现了灾害链上下级灾害之间诱发关系的定量表达。

2. 灾害链的分类

根据诱发因素，地质灾害链可以划分为内动力地质灾害链、外动力地质灾害链、人类工程活动地质灾害链和复合灾害链。内动力地质灾害链是由内动力地质作用诱发的灾害及其次生灾害构成的灾害链，主要的内动力条件为地壳活动和板块运动。外动力地质灾害链是由外动力地质作用诱发的灾害构成的灾害链，外动力条件一般为降水、冰雪融化等。人类工程活动地质灾害链随着人类工程建设的开展，沿交通线、引水渠道等形成的许多人工高陡边坡，在雨季经常发生崩塌、滑坡，因此许多交通线逐渐演化为人类工程活动地质灾害链。复合灾害链是由内、外动力地质作用和人类工程活动联合作用诱发的灾害构成的灾害链。

单纯来讲，地震及其诱发的断层、地裂缝、崩塌和滑坡构成的灾害链属于内动力地质灾害链。研究表明，中强地震常常衍生出一系列的次生灾害，强震不仅会形成地震断层、地裂缝、地震破裂带，还会诱发新的地震。同时，在高山峡谷地区，强烈的地面震动经常导致大规模崩塌、滑坡的发生，进而形成天然堆积坝——堰塞湖，堰塞湖溃决后经常衍生出下游崩滑流灾害的发生，形成地震-滑坡（崩塌）-堰塞湖-泥石流等地质灾害链（柴贺军等，1995b；孙崇绍和蔡红卫，1997；尹光华等，2001）。

然而更多时候，地质灾害往往是内、外动力相互作用，人类工程活动辅助影响的复合灾害链。例如，1812 年，新疆尼勒克 8 级地震诱发大量的崩塌、滑坡、地裂缝，后期雨水沿这些地裂缝渗入形成一系列大规模的滑塌，由这些灾害组成的灾害链可称为内、外动力耦合地质灾害链（尹光华等，2001）。1999 年 9 月 21日，台湾集集镇发生 7.6 级地震，此次地震诱发 2600 处滑坡，导致大量斜坡地表松动、破碎，并且滑坡集中的地区与前期暴雨中心相对应（Lin et al., 2004）。此外，2005 年 10 月 8 日，巴基斯坦发生 7.6 级地震，此次地震诱发几千处滑坡，

在调查的 1293 处地震滑坡中，有 53% 的滑坡与修建公路开挖坡脚有关，即沿公路形成典型的复合灾害链（Owen，2008）。

1.2.2　灾害链风险理论

目前，灾害链风险的相关理论是基于灾害风险理论发展而来的，尚未形成成熟的理论系统。灾害风险的定义方法较多，大致可归类为灾害发生的可能性及概率、期望损失、概念化公式等。表 1-1 整理了部分国内外研究机构和学者关于灾害风险的定义。

表 1-1　灾害风险的若干定义

研究机构或学者	灾害风险的定义
联合国环境规划署	灾害风险是暴露于某一事件的概率，该事件在不同的地理尺度发生的程度可能不同，暴露程度也存在差异；灾害事件的发生存在突然性、逐渐演变性或可预见性
Pelling 等（2004）	灾害风险是由自然或人为诱发危险因素和脆弱的条件相互作用而造成的有害后果的概率，或生命损失、人员受伤、财产损失、生计无着、经济活动受干扰（或环境破坏）等的预期
日本亚洲减灾中心	灾害风险为由某种危险因素导致的损失（死亡、受伤、财产等）的期望值，是由危险性、暴露度和脆弱性构成的函数
黄崇福（2009）	自然灾害风险是由自然事件或力量为主因导致的未来不利事件情景

总体来讲，这些定义均从时间、空间及后果的角度揭示了灾害风险的本质。在本书中，灾害风险为灾害事件发生的概率和强度及其对所处区域造成的人员伤亡及财产损失。在具体表达式上，灾害的损失风险是致灾因子危险性与承灾体易损性的乘积，具体表达为

$$R = H \times V \tag{1-2}$$

其物理意义是风险源致灾因子危险性（H）作用于人类社会的承灾体（人口、财产），使其暴露于自然灾害之中，依据灾害强度的不同，承灾体会存在一定的易损性（V），因此产生风险（R）。

对于具有级联效应的灾害链风险而言，其在定义上需要进一步考虑灾害之间的因果效应，从而灾害链风险在内涵上为上级灾害风险及其引发的一定概率和强度的下级灾害风险的总和，具体表达为

$$R_{灾害链} = R_{原生灾害} + \alpha \times R_{次级灾害} + \beta \times R_{再次级灾害} + \cdots \tag{1-3}$$

式中，α、β 分别为上级灾害的发生促使下级灾害发生的级联效应。

灾害风险研究的基本理论表明，灾害链风险（cascading disaster risk）也是由致灾因子（亦称为灾害事件，hazard）、暴露度（exposure）、易损性（亦称为脆

弱性，vulnerability）构成的函数。灾害风险不仅取决于致灾因子的严重程度，也在很大程度上取决于易损性和暴露度水平，同时链式上的灾害风险受灾害间的因果效应影响。

1. 致灾因子

风险产生和存在的第一个必要条件是风险源，即致灾因子。致灾因子是可能造成财产损失、人员伤亡、资源环境破坏、社会混乱等异变的因子（史培军，1991）。承灾体是各种致灾因子作用的对象，是人类及其活动所在的社会与各种资源的集合（史培军，1996）。致灾因子不但决定某种灾害风险的存在与否，还决定该种灾害风险的大小。当自然界中的一种异常过程或超常变化达到某种临界值时，风险便可能发生。一般来说，致灾因子的变异强度越大，发生灾变的可能性越大（或灾变发生的概率越高），则该风险的危险性就越高。

2. 暴露度

承灾体的暴露，是特定灾害事件发生时，其影响范围内承灾体在空间上的分布。暴露度随着社会经济的发展，在时间和空间上时刻发生变化，并明显受到经济、社会、地理、人口、文化、体制、管理和环境等因素影响。随着世界经济的发展和城市化进程的推进，人类社会对灾害事件的暴露度呈现出增加的趋势，所以重视暴露度的时空动态变化，对灾害风险的精准评估具有重要作用。

3. 易损性

易损性是承灾体遭遇自然灾害时，自身受损的程度和特性，可以分为自然易损性和社会易损性（Cutter，1996）。承灾体的易损性受多个因素影响，总结起来主要包括两个方面：①承灾体对灾害事件表现出来的高敏感性；②承灾体表现出来的对灾害事件抵御和适应能力的缺乏。

1.2.3 灾害链的研究方法

灾害链系统是一个处于初步探索阶段的复杂灾害系统，当前的研究主要借鉴其他学科的理论与方法开展，涉及经验灾情地学统计模型、概率模型、复杂网络模型和灾害系统模拟等方法。

1. 地学统计模型

经验地学统计模型通过在时空尺度上认识灾害链的传播及分异规律，选取特征指标对多级灾害进行地学统计分析，从而得到最终灾情。例如，周洪建等（2014）在半干旱地区暴雨–山洪–泥石流灾害链的损失评估中，根据半干旱地区强降雨引发山洪、滑坡和泥石流灾害分布的基本规律，结合实时降雨、流域范围、遥感数据、河流水系等信息，分析获得了不同程度下灾害损失分布范围，进而利用人口数据、房屋数据综合得到甘肃岷县 "5·10" 特大强降雨-山洪-泥石流灾害链的倒损房屋评估模型，实现了倒损房屋直接经济损失评估。

2. 概率模型

概率模型通过表征灾害链过程的逻辑关联来分析灾害链发生的可能性。例如，地震过后，地表物质的结构稳定性降低，促使滑坡灾害发生的可能性增大，但不一定会引发滑坡灾害。概率模型适合用于描述上级灾害与下级灾害之间诱发关系的可能性。灾害事件树是概率模型的主要方法之一，因为灾害链研究要考虑灾害发生后的所有可能的次生灾害情形，所以灾害事件树结构相对复杂，如地震可能会引起多种次生灾害（余世舟等，2010）。同时，灾害事件树也常用于分析特定的灾害的组合（Kappes et al.，2012），如地震-滑坡（Keefer，2002）、滑坡-堰塞湖洪水（Perucca and Angillieri，2009）等。在研究实践中，多种概率模型理论与方法均在灾害链次生灾害研究中得到应用，如根据有限信息推演得到其他事件的概率信息的贝叶斯网络方法（董磊磊，2009；裴江南等，2012；Wang et al.，2013）。专家系统、神经网络、经验模型、数学概念模型等方法也被尝试用于确定灾害链事件的条件概率（Gitis et al.，1994；Badal et al.，2005；Chavoshi et al.，2008；Wang et al.，2010b，2013）。

3. 复杂网络模型

根据灾害链的复杂灾害系统特征，灾害链内部存在一定的关联网络，因此基于复杂网络的研究方法曾被尝试用于灾害链动力学过程研究。刘爱华和吴超（2015）应用复杂网络结构表征了灾害链的演化特征，并对灾害链的作用机理进行了数学描述，提出了基于复杂网络结构的灾害链风险评估模型。林达龙等（2012）运用复杂网络理论，研究了高校火灾事件的演化机理，并对高校火灾演化网络结构类型进行了分析。陈长坤等（2009）以 2008 年中国南方冰雪灾害危机事件为例，运用复杂网络相关理论，构建了冰雪灾害危机事件演化的网络结构，并对冰雪灾害危机事件的演化和衍生链特征进行了一定的分析。朱伟等（2011）则利用复杂网络相关理论构建了北方城市暴雨灾害的演化模型，并探讨了事件级别与出入度之间的关系。Li 和 Chen（2014）通过构建因果回路的复杂网络来表示上一级灾害引发城市停电的灾害链过程。

4. 灾害系统模拟

灾害系统模拟是设计一个实际或理论的物理系统模型，并运用计算机模拟技术来分析灾害的动态演化过程。现有的灾害系统模拟技术主要有元胞自动机模型、多智能体系统、离散事件系统等（刘健利等，2009）。现阶段灾害系统模拟中，元胞自动机模型一般集中应用于火灾、洪水等典型的空间蔓延型灾害（黎夏等，2007；刘健利等，2009；Li et al.，2013）。

1.3　地震地质灾害链成灾过程研究进展

地震-滑坡-堰塞湖灾害链指斜坡在地震能量作用下失稳，坡体岩土滑至河道，引起河道堵塞，上游来水不断壅积形成堰塞湖的过程。地震-滑坡-堰塞湖灾害链过程体现了各级灾害在时间上有先后，在空间上彼此相依，在成因上相互关联、互为因果，呈连锁反应依次出现的灾害链特征。这条灾害链也是我国西南山区主要的灾害链形式，发育极为广泛。

目前，地震-滑坡-堰塞湖灾害链过程研究多以单链节灾害链关系及过程模拟为主，相关的过程研究主要集中于地震-滑坡灾害过程、滑坡-堰塞湖灾害过程及堰塞湖-洪水灾害过程等单链节过程。多链节的地震-山地灾害链过程研究相对较少，相关分析多为定性描述和半定量分析。

1.3.1　地震-滑坡灾害关系

1. 地震-滑坡与地震参数的关系

地震-滑坡灾害的相关研究主要涉及震源机制对滑坡的影响，包括震级、烈度、震源深度和震中距等地震参数对滑坡的影响。相关的研究集中于从统计学角度分析地震滑坡与地震参数（震级、烈度、震源深度、震中距等）和斜坡环境参数（坡度、坡向、岩石类型等）之间的关系。

地震滑坡与地震参数关系研究，已有较长的研究历史。在 21 世纪以前，大部分的地震-滑坡灾害链分析均以滑坡分布与地震参数的相关性为主，之后则经过了长时间的定性、半定量到定量研究过程。在国内，李天池（1979）根据地质地貌特征的区域性，对中国南部地区（主要指西南地区，包括川滇黔藏）和北部地区（包括华北和西北地区）的数据进行了回归计算，得出单个地震烈度在Ⅶ度以上的烈度区滑坡面积与面波震级的近似关系。

南部地区：

$$\lg S = 0.9246 M_{\mathrm{S}} - 3.1 \quad R^2 = 0.72 \tag{1-4}$$

北部地区：

$$\lg S = 1.0719 M_{\mathrm{S}} - 3.5899 \quad R^2 = 0.87 \tag{1-5}$$

式中，M_{S} 为面波震级；S 为滑坡面积，单位为 km^2。

周本刚和王裕明（1994）对西南地区 1970 年以来 $M_{\mathrm{S}} > 6.7$ 的 11 次典型地震进行统计分析，认为在Ⅵ度区内极少存在地震诱发新滑坡的现象，即地震诱发新滑坡所需的最小地震烈度一般为Ⅶ度；而诱发地震前相对稳定的老滑坡再次滑动所需的最小地震烈度一般为Ⅵ度，比诱发新滑坡所需地震烈度低一度。孙崇绍和蔡红卫（1997）对1500~1949年的中国地震历史资料（M_S>4.75）进行了统计，发现地震引起的崩塌、滑坡多在Ⅵ度及以上烈度区，Ⅶ度及以上烈度区内的滑坡与崩塌的数量显著增大，Ⅷ度以上烈度区内发生滑坡与崩塌的可能性急剧增大，而其中规模特大、破坏特重的滑坡都发生在Ⅸ度及以上烈度区。辛鸿博和王余庆（1999）通过对典型强震活动中Ⅵ度及以上烈度区内的边坡崩滑面积进行统计计算与分析后发现，边坡崩滑区的面积随着震级的增大而增大，单个边坡崩滑区的面积和震级不是一一对应关系，但边坡崩滑区的最大面积与震级之间存在着规律关系。相关的研究成果很好地分析了最大滑坡面积或规模与震级、烈度、震中距等主要地震参数的相关关系。而在国际上，Keefer（1984）对《美国地震》（*United States Earthquakes*）1958~1977年刊登的300个历史地震数据进行整理，提取了地震震级、震中距、烈度等数据，发现在 M_W 小于4.0的62例地震事件中，只有一例触发了滑坡，据此认为诱发滑坡的最小地震矩震级为 $M_W=4.0$，并首次给出了矩震级与最大滑坡面积公式：

$$\lg V = 1.44(\pm 0.21)M_W - 2.34(\pm 1.5) \tag{1-6}$$

式中，V 为最大滑坡面积，单位为 km²；M_W 为矩震级。

20世纪末，Rodríguez 等（1999）进一步补充统计了1980~1997年全球地震诱发滑坡的灾害情况，运用类似的方法分析了地震滑坡的类型、数量、主要分布范围和最大密度。Papadopoulos 和 Plessa（2000）根据希腊1000~1995年47次震级（M_S）为5.3~7.9的地震造成的滑坡的统计结果，研究了震级与滑坡距离震中最远距离的关系，并提出了经验公式：

$$\lg R_c = 0.75 M_S - 2.98 \tag{1-7}$$

式中，R_c 为滑坡距离震中最远距离，单位为 km；M_S 为面波震级。

意大利科学家 Prestininzi 和 Romeo（2000）对意大利公元前461年到1992年的地震历史资料进行分析，探讨了烈度与地震滑坡的数量关系，并给出了图形关系。

2. 地震滑坡概率预测模型

20世纪中期，地震滑坡诱发机制的因果效应逐步开始，相关地震滑坡专家开始致力于地震滑坡预测模型的方法研究。这类方法大多是基于地震参数的位移判别法，包括拟静力法（Terzaghi and Peek，1948）、Newmark 模型（Newmark，1965）、有限元模型（Seed，1968；Seed et al.，1975）等。例如，1948年，Terzaghi 和 Peek（1948）首次将拟静力法应用于斜坡动力稳定性评价，此后拟静力法在斜坡动力稳定性评价中得到广泛应用，并纳入了相关规范。Seed（1968）以力的多边形法则为理论基础，对斜坡上各土条静应力进行了计算，通过岩体动三轴试验，并考虑到地震过程中强大的惯性力，测得总应力和动剪切强度，进而采用力的多边形法则计算出土条的动力稳定安全系数。丁彦慧等（1999）在对我国 94 次地震中引发的 251 次滑坡和崩塌进行分析研究的基础上，提出采用谷本系数法求取具有明确保证率指标的预测地震崩滑的统计判别式，并对该方法进行了改进，用来判别地震滑坡发生的可能性。然而，对区域范围的地震滑坡而言，Newmark 模型能比拟静态分析提供更多的信息，且在算法上比有限元模型更简便（Jibson，1993），因此它已被广泛用于特定的地震滑坡概率分析（Jibson and Keefer，1993；Bray and Rathje，1998；Pradel et al.，2005）和区域滑坡灾害评估（Jibson et al.，2000；Gaudio，2003）。

Newmark（1965）创新地提出了用有限滑动位移代替安全系数法的思路，并据此建立了一种简便方法用于预测地震作用下的滑坡位移量。Newmark 模型认为，滑坡位移量达到某个临界值后，边坡便可能会失稳。在该模型中，滑坡的稳定性通过临界加速度来判断，而临界加速度与岩土的特性、孔隙压力、边坡的地貌特征等有关。这个临界加速度的表达式如式（1-8）所示，滑坡位移量则通过临界加速度和峰值加速度等地震动参数的拟合经验关系计算获得。

$$a_c = (F_S - 1)g\sin\alpha \qquad (1-8)$$

式中，a_c 为临界加速度；α 为坡度；g 为重力加速度；F_S 为安全系数，其表达式为

$$F_S = \frac{c'}{\gamma d \sin\alpha} + \frac{\tan\varphi}{\tan\alpha} - \frac{m\gamma_w \tan\varphi}{\gamma \tan\alpha} \qquad (1-9)$$

式中，F_S 为安全系数；c' 为有效内聚力；γ 为重度；d 为埋深；α 为坡度；φ 为摩擦角；γ_w 为水的重度；m 为破坏面的水饱和度。

1971 年，Davis 等美国地质学家在对圣费尔南多（San Femando）地震余震的监测中首次发现了斜坡坡顶的地震动峰值加速度具有明显的放大效应。Wieczorek 等（1985）研究认为，岩石边坡失稳的临界位移值为 5cm。Jibson 和 Keefer（1993）研究得到，黏性土边坡发生滑坡或崩塌的临界位移值为 10cm。由于地震动加速度值不易获取，Ambraseys 和 Menu（1988）基于 11 次地震的 50 个强震记录数据，提出把临界加速度比作为回归方程的变量来估算地震边坡的永久位移，他们使用加速度时程中的最大峰值作为表征地震动特性的变量，把坡体的临界加速度和地面峰值加速度的比值定义为临界加速度比，并采用回归方程的方式，拟合了地震动参数和滑坡位移的经验关系：

$$\lg D_n = 0.9 + \lg\left[\left(1 - \frac{a_c}{a_{max}}\right)^{2.53}\left(\frac{a_c}{a_{max}}\right)^{-1.09}\right] \qquad (1-10)$$

式中，D_n 为永久位移，单位为 cm；a_c 为临界加速度，单位为 m/s²；a_{max} 为地面峰值加速度，单位为 m/s²。

通过研究发现 Arias 强度可更完整地表征地震动过程，Jibson（1993）在此基础上进一步建议使用 Arias 强度来描述地震特征，同时考虑 Arias 强度和临界加速

度两个因素，重新了拟合永久位移的方程：

$$\lg D_n = 1.460 \lg I_a - 6.642 a_c + 1.546 \pm 0.409 \quad R^2 = 0.87 \qquad (1\text{-}11)$$

式中，D_n 为永久位移，单位为 cm；I_a 为 Arias 强度，单位为 m/s；a_c 为临界加速度，单位为 m/s^2；最后面的一个值表示方程的标准误差。

式（1-11）中 I_a 的表达式为 Arias（1970）依据地震动参数拟合的方程：

$$I_a = \frac{\pi}{2g} \int_0^d \left[a(t) \right]^2 \mathrm{d}t \qquad (1\text{-}12)$$

式中，I_a 为 Arias 强度；g 为重力加速度；d 为地震震动的时间；a 为地震动加速度；t 为时间。

之后，Jibson 也不断充实拟合的数据库，并于 1998 年依据全球 13 次地震的 555 条相关数据拟合了永久位移 D_n 与 Arias 强度和临界加速度的关系，且于 2007 年依据全球 30 次地震的 2270 条相关数据重新拟合了永久位移 D_n 与 Arias 强度、临界加速度 a_c 的关系及与临界加速度比 a_c/a_{max} 的关系（Jibson，2007），并对比了多条 Newmark 位移曲线（图 1-3）。与此同时，Hsieh 和 Lee（2011）运用全球多次地震灾害的数据拟合了日本本地的永久位移方程式。Yuan 等（2016）运用芦山地震数据，拟合了芦山地震的永久位移与 Arias 强度和临界加速度两个因素的关系方程。表 1-2 为相关的永久位移与地震动参数的拟合关系式。

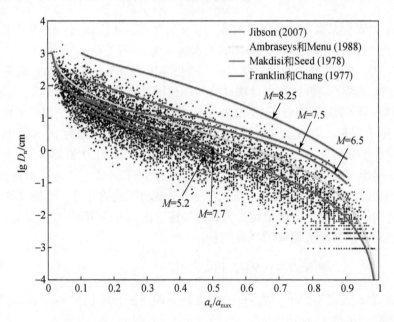

图 1-3　Newmark 位移曲线对比（Jibson，2007）

表 1-2 永久位移与地震动参数的拟合关系式

地区	拟合方程式	R^2	参考文献
全球	$\lg D_{\mathrm{n}} = 1.46 \lg I_{\mathrm{a}} - 6.642 a_{\mathrm{c}} + 1.546 \pm 0.409$	0.87	Jibson(1993)
全球	$\lg D_{\mathrm{n}} = 0.215 + \lg\left[\left(1 - \dfrac{a_{\mathrm{c}}}{a_{\max}}\right)^{2.341}\left(\dfrac{a_{\mathrm{c}}}{a_{\max}}\right)^{-1.438}\right] \pm 0.51$	0.84	Jibson(2007)
全球	$\lg D_{\mathrm{n}} = -2.71 + \lg\left[\left(1 - \dfrac{a_{\mathrm{c}}}{a_{\max}}\right)^{2.335}\left(\dfrac{a_{\mathrm{c}}}{a_{\max}}\right)^{-1.478}\right] + 0.424 M_{\mathrm{S}} \pm 0.4544$	0.87	Jibson(2007)
全球	$\lg D_{\mathrm{n}} = 0.561 \lg I_{\mathrm{a}} - 3.833 \lg\left(\dfrac{a_{\mathrm{c}}}{a_{\max}}\right) - 1.474 \pm 0.6166$	0.75	Jibson(2007)
全球	$\lg D_{\mathrm{n}} = 11.287 a_{\mathrm{c}} \lg I_{\mathrm{a}} - 11.485 a_{\mathrm{c}} + 1.948 \pm 0.357$	0.84	Hsieh 和 Lee(2011)
全球	$\lg D_{\mathrm{n}} = 0.847 \lg I_{\mathrm{a}} - 10.62 a_{\mathrm{c}} + 6.587 a_{\mathrm{c}} \lg I_{\mathrm{a}} + 1.84 \pm 0.295$	0.89	Hsieh 和 Lee(2011)
庐山	$\lg D_{\mathrm{n}} = 1.147 \lg I_{\mathrm{a}} - 13.664 a_{\mathrm{c}} + 9.673 a_{\mathrm{c}} \lg I_{\mathrm{a}} + 1.396 \pm 0.1716$	0.901	Yuan 等(2016)
庐山	$\lg D_{\mathrm{n}} = 23.372 a_{\mathrm{c}} \lg I_{\mathrm{a}} - 13.278 a_{\mathrm{c}} + 1.355 \pm 0.1831$	0.866	Yuan 等(2016)

1.3.2 滑坡–堰塞湖灾害关系

滑坡型堰塞湖是堰塞湖的主体类型（Cui et al., 2009；Korup, 2004）。滑坡–堰塞湖灾害过程研究一般从滑坡的动力学角度开展，主要体现在滑坡运动过程和堰塞湖形成机制上；也有专家从统计学角度分析滑坡特征（面积、体积）与堰塞湖特征（堰塞坝体积、坝宽、坝高等）。

1. 滑坡运动过程研究

滑坡的运动过程研究在岩土工程领域一般称为边坡落石/岩土运动轨迹分析。滑坡运动过程分析可用于模拟过去滑坡的运动并预测未来潜在滑坡的运动。这通常是滑坡风险评估和灾害规避的关键步骤，尤其对于极其快速、类似流体的滑坡而言，如碎片流和岩崩。滑坡运动过程的相关研究开始于 20 世纪初期，主要集中于落石/岩土的运动特征、落石/岩土的关键特性参数、落石/岩土的冲击作用等方面，并经历了经验法、试验方法、理论方法及数值模拟等过程（向欣，2010）。因此，关于滑坡运动过程分析的方法主要包括经验统计模型和过程数值模拟两类。

（1）滑坡运动经验统计模型

经验统计模型是基于滑坡特征要素的几何关系开展的，如各种类型的滑坡体积与堆积角之间的负相关关系（Scheidegger, 1973；Nicoletti and Sorriso-Valvo, 1991；Corominas, 1996；Hunter and Fell, 2003）及滑坡体积与滑坡覆盖面积的正相关关系（Li，1983；Hungr，1990）。除此之外，Hsu（1975）、Davies（1982）、Fannin 和 Wise（2001）也提出了一些经验统计模型。Whittall（2015）证明了这些经验模型也适用各类滑坡，滑坡事件在很大程度上取决于滑动物质的性质，风化的岩体比同等大小的块状结晶岩体更容易滑动。

经验统计模型虽然简单，但功能非常强大，固有的数据离散性可以用定量统计方法加以表示。统计结果可用于确定预测的置信度（Schilling et al.，2008；Berti and Simoni，2014），然后用于定量风险评估。例如，使用堆积角方法，如果可以估计潜在滑坡的体积，则可以进一步推算滑坡的滑动角度，并计算其不确定性。

滑坡的运动指标总体上取决于滑坡体积。樊晓一和乔建平（2010）分析了体积大于 $10^5\mathrm{m}^3$ 的 84 个滑坡的最大水平距离和滑坡体积的经验关系。由此建立的滑坡最大水平距离与滑坡体积的关系为

$$L_{\max} = 10.091V^{0.2964} \qquad R^2 = 0.604 \qquad (1\text{-}13)$$

式中，$L_{\max}$ 为滑坡最大水平距离；V 为滑坡体积。滑坡的 $L_{\max}$ 随滑坡体积的增加呈幂律增加，其幂指数为 0.2964。Legro（2002）认为滑坡的 $L_{\max}$ 与滑坡体积的幂指数为 0.25～0.39。

（2）滑坡运动过程数值模拟

20 世纪 90 年代以来，随着计算机技术和计算力学的发展，数值模拟在边坡地震稳定性及滑坡的模拟中获得了广泛的应用。相较于相对适用于估算滑动距离和堆积区域的经验统计模型而言，数值模拟能够提供更多信息，如估算滑移深度、滑动速度等更为精细的强度参数。尤其数值模拟输出的动画或间隔拍摄图像具有非常有价值的可视化效果。

在过去的 20 年中，开发的滑坡运动过程数值模型已经有数十种，其中大多数是基于水动力模型方法的连续模型（表1-3）。数值模拟经历了 2D 路径和 3D 表面运动模型两个阶段，基本上所有连续模型均基于平均滑动深度浅层运动方程。

表1-3 滑坡运动过程数值模型

模型	类型	参考文献
DAN	2D 连续	Hungr（1995）
MADFLOW	3D 连续	Chen 和 Lee（2000）
Sassa-Wang	3D 连续	Wang and Sassa（2002）
SHALTOP-2D	3D 连续	Mangeney-Castelnau 等（2003）
TITAN2D	3D 连续	Pitman 等（2003）
RASH3D	3D 连续	Pirulli（2005）

续表

模型	类型	参考文献
Volc Flow	3D 连续	Kelfoun 和 Druitt（2005）
3d DMM	3D 连续	Kwan 和 Sun（2007）
FLO-2D	3D 连续	FLO-2D Software Inc（2007）
Rockfall Analyst	3D 连续	Lan 等（2007）
FLAT Model	3D 连续	Medina 等（2008）
Wang	2D 连续	Wang（2008）
Geo Flow-SPH	3D 连续	Pastor 等（2009）
r. avalanche	3D 连续	Mergili 等（2012）
Flow-R	3D 传递算法	Horton 等（2013）
D-Claw	3D 连续	Iverson 和 George（2014）
r. avaflow	3D 连续	Mergili 等（2017）

在极限平衡斜率-稳定性分析中，作用在各个模型中的每个计算单元上的合力与作用在土壤柱上的力看起来非常相似。重力（W）是运动的主要驱动力，由于倾斜的自由表面，还会产生内应力梯度（ΔP 和 ΔS），这些力影响着滑动物质的扩散。如果滑动体从路径中带入新物质，则可能存在一些惯性阻力（E）。然而，大多数运动阻力通常来自基础剪切应力（T），其可以通过孔隙压力等机制来决定。

在连续模型中，质量和动量平衡方程在每个时间步长求解。在深度平均的2D模型中，一般使用"切片"方式将物质单元化，并且流动方向和路径宽度需要由用户预先定义。在深度平均的3D模型中，使用允许横向移动的参考"列"，并且流动方向和路径宽度不需要用户预先定义，相关参数是模型的关键输出。物质滑动的运动方程，可以使用欧拉方法（固定参照系）和拉格朗日方法（移动参照系）来解决。

目前，在具体的应用上，较多的边坡落石/岩土运动的研究已经用于分析不稳定边坡对基础设施及居民区造成的风险，并服务于边坡防治和减灾工程建设（Guzzetti et al.，2004；吴顺川等，2006；Lan et al.，2007；苏胜忠，2011；Qi et al.，2015；Macciotta et al.，2016）。

2. 滑坡-堰塞湖成灾过程

相较于滑坡运动过程而言，滑坡堰塞湖成险机制的研究发展相对缓慢，相关的研究多开始于21世纪前后。例如，Wang 等（2013）基于中国和其他许多国家成功管理山体滑坡堰塞湖的应急响应经验，构建了突出时间的预测模型——使用无尺度阻塞指数值预测滑坡的爆发时间；并通过灰色关联分析和技术，构建了综合风险评估模型，从滑坡堰塞湖的稳定性、水文环境的脆弱性和周边环境的脆弱性三个方面评估滑坡堰塞湖的风险级别。Zhou 等（2013a）采用二维离散元法对杨家沟滑坡–堰塞湖形成进行了动态模拟，并分滑坡步骤和溢流/俯冲步骤开展模拟过程，研究发现滑坡过程受二维离散元模型的黏结强度和残余摩擦系数控制。同年，Zhou 等（2013b）提出了一种结合有限差分法和离散元素法的数值方法，并将其用于模拟地震荷载下的滑坡–泥石流。Wang 等（2017）分别从河流流动、滑坡运动及滑坡–河流相互作用角度出发，开展了滑坡坝的形成和失效的动态模拟；通过粒子回收方法在平滑粒子流体动力学（smoothed particle hydrodynamics, SPH）框架下模拟河流运动，通过非连续变形分析（discontinuus deformation analysis, DDA）模拟滑坡运动，通过耦合的 DDA-SPH 方法实现固相和液相之间的相互作用。

关于滑坡特征与堰塞湖特征的研究，Chen 等（2014）基于在中国台北收集的 9 个实例和在全球收集的 214 个案例，为地震和降雨引起的滑坡坝开发了一种快速滑坡坝几何评估方法。快速滑坡坝几何评估方法仅使用卫星图和地形图获得滑坡面积，然后分析坝体几何形状，该方法可以计算坝高、坝长、坝上下游角度，能简要地实现滑坡量与堰塞湖形成的快速评估。

1.3.3 堰塞湖–洪水灾害关系

堰塞湖是山崩、泥石流或熔岩堵塞河谷或河床，储水到一定程度形成的湖泊。在地震震区，堰塞湖主要是不稳定岩体在地震波的激发作用下发生大规模崩塌、滑坡，并堵塞河道形成的湖泊（王世新等，2008）。堰塞湖会导致上游来水无法及时下泄，进而引起坝体滞水，对沿河上游造成洪水淹没风险。当堰塞坝受到冲刷、侵蚀、溶解、崩塌等作用时，堰塞湖容易出现溢坝，进而演变成溃决形成下游洪灾（李君纯，1996）。一般而言，堰塞坝体结构松散，在上游不断来水或库区滑坡涌浪的作用下，堰塞坝稳定性比较低。据统计，51% 的堰塞坝会在形成后的 7 天内发生溃决，80% 的堰塞坝会在一年之内发生溃决；溃决的堰塞坝中，90% 会以漫顶形式溃决，10% 会以背水坡失稳、渗流管涌等其他形式溃决（Costa and Schuster, 1988；Casagli and Eimini, 1999；Peng and Zhang, 2012c）。

堰塞湖的滞水淹没研究主要通过淹没高度与数字高程模型（digital elevation model, DEM）的空间分析开展，单个堰塞湖的滞水淹没过程相对简单，因此堰塞湖-洪水灾害过程的研究主要集中于溃决洪水演进的复杂过程。Costa 和 Schuster（1988）根据少数案例建立了坝体参数与峰值流量之间的函数关系。Peng 和 Zhang（2012a，2012b）汇编了 1239 个堰塞湖的数据（其中 257 个为汶川地震形成的堰塞湖的数据），并根据其中 52 个滑坡型堰塞湖的数据，开发了滑坡-堰塞湖的经验模型或破坏参数估计。而与溃决洪水计算模型相关的研究主要开始于 20 世纪中后期，相继出现了美国的 BREACH 与 DAMBRK 模型、荷兰的 Delft3D 模型、丹麦的 DHI 模型等土石坝溃决模型（朱勇辉等，2003）。此外，Chauhan 等（2004）研究了溃口参数的选择与溃决洪水特征，包括洪水传播时间之间的敏感性关系等。Mandrone 等（2007）利用基于地理信息系统（geographic information system，GIS）模拟了滑坡体及堵江后形成的堰塞坝和堰塞湖的大小，并作出了成功预报。邢爱国等（2010）针对易贡堰塞湖溃决，从连续性方程、纳维-斯托克斯方程和标准型湍流模型出发，采用 VOF 方法进行自由面处理，并基于流体计算软件 Fluent 对溃决洪水向下游的推进过程进行水动力学模拟，得到的数值模拟结果与实测资料记录基本一致。刘宁等（2013）编著的《堰塞湖及其风险控制》，系统介绍了堰塞湖的分类与区域特征，并针对堰塞湖危险性评估、堰塞湖溃决模式与溃决机理、堰塞湖溃决洪水演进分析等问题，介绍了常用理论公式和应用案例。石振明等（2014）对国内外发生的 1298 例（其中国内案例 758 例）堰塞坝案例进行了汇总，对堰塞坝的特征进行了统计，并根据具有详细信息的 41 例堰塞坝案例，建立了堰塞坝溃决参数的快速评估模型（全参数模型和三参数模型）。

1.3.4 多链节地震-山地灾害成灾过程研究

多链节灾害链过程的研究是当前科研界致力探究的问题，相关的研究萌芽于 1992 年《21 世纪日程》提出"多灾种"概念之后，目前仍处于探索阶段，研究成果相对较少。

在灾害过程的探索中，余世舟等（2010）基于灾害链理论，从城市和石化系统出发，分析地震灾害链的成灾机理，建立基于主要影响因素的地震灾害链物理模型，并通过灾害要素间的内在联系初步构建了定量分析的概率评估模型。钟敦伦等（2013）对山地灾害链进行了详细论证，根据山地灾害链的致灾因素不同将其分为地球内营力作用、外营力作用和人为作用 3 种致灾类型，并进一步将其划分为 8 个亚类和 128 种灾害链形式。张永双等（2013）调查分析了汶川地震-滑坡-泥石流灾害链演化特征及其成灾模式，将地震-滑坡-泥石流灾害链的形成、演化过程划分为 4 个阶段：孕育阶段、地震同震滑坡阶段、震后滑坡-泥石流发育阶段、高位泥石流动态演化阶段；并从4个阶段分析，提出高位泥石流的判识指标，探讨其分布特征、动态变化趋势及防治对策。Wang 等（2013）基于多链节灾害链分别提出了相应的灾害链研究概念模型（图1-4）。

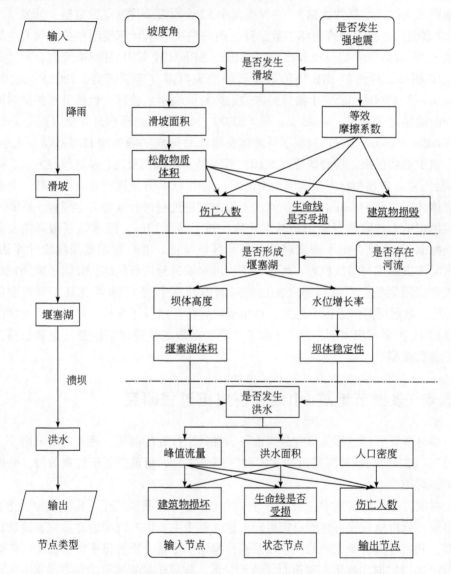

图 1-4　地震–滑坡–堰塞湖–洪水灾害链贝叶斯网络模型（Wang et al.，2013）

除此之外，部分学者依据 3S 技术开展了一些关于灾害链发育及识别的研究。例如，徐梦珍（2012）和 Xu 等（2012）利用遥感影像与实地勘测数据，研究了汶川地震引发的地震滑坡–泥石流–剧烈河床演变–生态破坏灾害链。梁京涛等（2012）利用航空影像对青川县红石河区域进行遥感解译，并结合汶川地震前地质灾害调查数据进行对比分析，探讨了研究区地震–地质灾害链的分布特征进行了探讨。李禹霏等（2014）以贵州马达岭地质灾害链为研究对象，基于现场地质环境条件调研和地质灾害链发育规律研究，通过监测雨量、相对位移、倾角、渗压水头、泥位等指标参数，试拟建了集自动采集、无线传输、数据解析、分析决策和预警预报于一体的崩塌–滑坡–泥石流灾害链自动化监测系统。

综合 1.3 节关于地震–滑坡灾害过程等单链节灾害过程研究及多链节的地震–山地灾害过程研究的进展情况，不难看出单链节灾害过程研究已相对成熟，但是多链节灾害过程的相关定量研究较少，仅有少数的定性描述和监测分析，因此多链节的灾害过程研究需要致力于由定性描述向定量研究方向发展。

1.4 地震地质灾害链多灾种风险研究进展

1.4.1 地震风险研究进展

地震灾害的风险研究是对地震灾害造成的死亡和受伤人数、财产损失、工业、生命线工程和救灾设施的功能损失等进行评估。地震灾害风险研究在 20 世纪 30 年代开始，并在 70 年代以后得以发展（地震工程委员会地震损失估计专家小组，1989）。在美国学者 Freeman（1932）提出粗略估计区域尺度财产损失的思路和方法之后，地震学家和地震工程学家在继承 Freeman 思想的基础上，建立了地震破坏率和地震损失率数据库。麻省理工学院的 Whitman（1973）对圣费尔南多地震建立了建筑物破坏率矩阵，并给出了烈度–损失率关系曲线。80 年代，美国联邦紧急事务管理局推出一套实用化的地震灾害损失预测方法 ATC-13（易损性清单法）（Applied Technology Council，1985）。90 年代，美国联邦紧急事务管理局和国家建筑科学研究所（National Institute of Building Sciences，NIBS）合作开发了地震损失估计方法 HAZUS 99，该方法已经成为美国评估地震风险的标准方法。此外，美国地质调查局开发了 PAGER 系统，该系统用于应急响应全球地震快速评估，可以在 30min 内完成对全球任意地区的震害评估。欧洲的震害损失评估系统主要包括土耳其的 KOERILOSS 系统、西班牙的 ESCENARIS 系统、挪威的 SELENA 系统，以及意大利的 SIGE 系统等（Strasser et al.，2008；Pasquale et al., 2004）。这些系统中的损失评估模型主要基于各地的经验模型。日本作为受灾严重的国家之一，对地震预防预警做了很多研究。1964 年，日本新潟发生地震，日本科学家盐野计司等根据各国地震致灾资料，提出可用来定量估算地震伤亡人数的建筑物、人口易损性模型（刘吉夫，2006）。1995 年，阪神大地震后，日本对该地震人员伤亡情况进行了深入的调查，在此基础上形成人员伤亡评估模型，并研究了基于空间网格化的震亡评估方法（Saeki et al., 1999, 2008）。日本株式会社野村综合研究所基于日本全境 1350 台地震仪和 4560 台强震仪提供的数据，设计出一种灾害信息系统，该系统可以在数分钟内实现烈度的速报与评估，并根据烈度和人口密度推算人员伤亡情况，实现震后 30min 人员伤亡的快速评估（Saeki et al., 1999; Saeki and Midorikawa, 2008）。2011 年，日本海啸地震之后，美国 Validus Research 得到了超过 50 万份详细的建筑物破坏报告，并根据这些报告得出了各类建筑物结构的易损性关系（王自法等，2014）。中国的地震风险研究开始于 20 世纪 80 年代初，最初以地震损失的调研与预测分析为主（国家地震局震害防御司未来地震灾害损失预测研究组，1990）。其中，陈颙和朱宏任（1991）提出的宏观易损性分析法与尹之潜（1995）提出的易损性分类清单法是我国地震灾害损失预测与评估的主要方法。

地震灾害的人员伤亡估算是地震灾害损失估算中最为重要的内容（地震工程委员会地震损失估计专家小组，1989）。地震造成的人员生命损失程度受众多因素制约，如地震动强度、人口密度、建筑物类型、震时人员空间分布及应急反应状态等。地震灾害的人员伤亡估算是估算在地震或地震动作用下地震影响区内的人员伤亡状况。目前，关于地震灾害的人员伤亡估算的方法主要包括两类：一类是基于建筑物易损性的估算，另一类是基于地震动参数与人员损失间统计关系的估算。20 世纪 80 年代初，美国联邦紧急事务管理局委托美国应用技术委员会开展了地震破坏的估计研究，美国应用技术委员会根据美国十多份造成人员伤亡的地震的资料，给出了伤亡率与建筑物损失比的统计关系。目前，很多科研及政府机构建立了多套基于建筑易损性方法的地震灾害损失评估及预测系统，如美国联邦紧急事务管理局的 HAZUS 系统（图 1-5），中国台湾地区的 TELES、HAZ-Taiwan 等系统。国内外学者也开展了许多相关研究，构建了适用于不同国家、不同尺度的基于建筑物易损性的人口损失估算模型（Okada, 1992; 马玉宏和谢礼立，2000; Weimin, 2002; Wu et al., 2015）。基于地震动参数的宏观人口损失估算，是以地震动参数等为核心变量，根据历史地震数据建立人口损失与地震动参数的回归关系，进而评估地震可能造成的人口损失情况。Samardjieva 和 Oike（1992）基于 20 世纪发生的 487 次地震的数据，在摒除极端个例之后，选用震级为 5.0~8.0 的地震作为研究对象，拟合了震级、震区人口密度及人员损伤情况的回归模型。美国地质调查局的 PAGER 系统根据三十多个国家的实际地震资料（1973~2007 年），提出了一种以修正的麦卡利烈度（modified Mercalli intensity, MMI）为主要因素的全球范围地震人员伤亡的模型。刘吉夫（2006）在收集处理中国 1989 年以来的实际地震现场灾害损失调查资料及灾区人口、社会经济资料的基础上，采用地震影响烈度取代震中烈度，建立了新的地震灾害生命易损性模型，并对多个尺度的震害损失进行预测与评估，其结果与基于建筑物易损性分类清单法进行的震害损失预测结果在总体上具有可比性。徐中春（2011）根据 1900~2009 年中国 257 次地震的灾情数据，构建了震中烈度与人口损失的回归关系，并将其用于全国地震灾害风险综合评估。李晓杰（2011）等利用我国 234 次地震的震后现场调查的震害数据进行分析，构建了中国人员损失的回归模型，并计算了模型的主要参数。刘金龙和林均岐（2012）结合中国几次大地震的震害资料，选择影响人员伤亡的主要因素，经过函数拟合与回归分析，提出了一个以震中烈度作为主要参数，以震级和人口密度作为辅助参数进行修正的人员伤亡预测模型。Wu 等（2015）建立了中国整体和中国西部地区的地震烈度与死亡率的脆

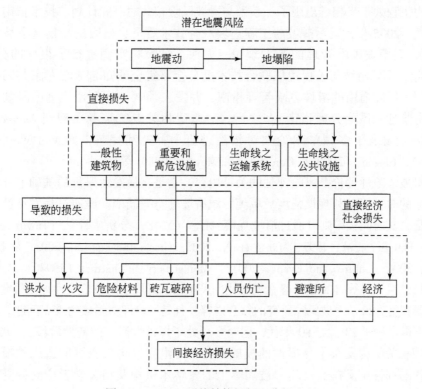

图 1-5　HAZUS 系统结构框架和分析流程

弱性曲线，并使用西部四大地震发生的强震数据，拟合了中国西部地区的地震脆弱性曲线，经验证拟合曲线显示出了较高的准确度。

1.4.2　滑坡风险研究进展

滑坡灾害风险评估与管理研究经历了 30 多年的发展历史，国外滑坡灾害风险评价起步较早，大量科研机构及相关部门开展的研究已经从对滑坡灾害风险的基本概念和方法标准化的讨论发展到了对风险进行定量预测研究和实践探索。

20 世纪 30 年代初至 90 年代末，Carrara（1983）、Brabb（1985）、Conroy 和 Kulkarni（1992）等滑坡灾害研究学者较早地开展了滑坡灾害风险评估研究，提出了一些基本概念和简单的研究方法，并探索性地将研究成果应用于滑坡灾害危险性分区和土地利用适宜性分区中。随后，澳大利亚地质力学学会、国际滑坡和工程边坡联合技术委员会、欧盟各国、美国地质调查局、加拿大不列颠哥伦比亚职业工程师和地质学家协会、加拿大不列颠哥伦比亚森林部、中国香港特别行政区土力工程处等又相继出版了一系列与滑坡风险相关的研究计划、技术指南和法规条例。2005 年，国际滑坡与工程边坡联合技术委员会出版论文集《滑坡风险管理》，对滑坡风险管理的基本理论、方法、经验和实例进行了很好的分析。2008 年，国际滑坡与工程边坡联合技术委员会召集全球知名滑坡专家共同探讨和草拟了国际通用的滑坡风险管理指南，并发表了《土地利用规划中滑坡易发性、危险性和风险分区指南》；之后，又邀请相关专家学者在期刊 *Engineering Geology* 上发表了多篇学术论文对指南进行了补充和完善，如 Van Westen 等（2008）、Cascini（2008）、Corominas 和 Moya（2008）等。

滑坡危险性评价是风险评估的关键内容，它是在易发性评价的基础上分析滑坡发生的时空概率和规模强度。单纯区域滑坡的空间概率一般通过易发性的结果来表征，其时间概率则可通过滑坡规模–频率（M-F）分析来评估（Hovius et al., 1997；Pelletier et al., 1997；Martin et al., 2002；Crosta and Ftattini, 2003；Malamud et al., 2004；Guthrie and Evans, 2004）。Montgomery 和 Dietrich（1994）、Pack 等（1998）、兰恒星等（2003）等在场地比例尺条件下开展了滑坡危险性评价研究。

易损性评价是滑坡风险研究的核心内容，且是风险评估领域的难点问题。易损性研究最早始于 20 世纪 80 年代，但至今仍处于探索性研究的初期阶段。1992 年，联合国相关机构发布了易损性的权威定义，即潜在损害现象可能造成的损失程度，该易损性定义在长时间内被国际上的各学术机构及相关学者广泛接受及应用。随后，国际土力学与岩土工程协会认为易损性同时依赖于灾害事件和承灾体而存在。根据这一观点，Uzielli 等（2008）发表了滑坡易损性定量评估的概念模型，该模型认为滑坡灾害易损性必须同时考虑灾害事件的作用强度及承灾体抵抗灾害的能力，并提出了滑坡易损性定量评估模型：$F = I \times S$，其中 I 为滑坡灾害的作用强度，S 为承灾体抵抗灾害的能力。目前，国内学者对滑坡灾害承灾体易损性的认识大致分为两类。一类认为，承灾体易损性是滑坡灾害以一定的强度发生而对承灾体造成损失的程度，用 0 ~ 1 来表示。该观点强调承灾体遭遇灾害的时空概率及滑坡灾害的作用强度，不考虑灾害损失的后果。另一类认为，承灾体易损性为特定时间段内研究区潜在自然灾害发生可能导致的经济损失或人口伤亡。该观点更多关注灾害产生的后果（刘希林等，2001；蒋庆丰等，2006）。

目前，区域滑坡灾害易损性评价处于由基于经验统计分析的半定量研究逐步向定量研究发展的阶段。张业成和张梁（1996）指出在区域滑坡灾害易损性评价中应依据人口密度、建筑物资产密度、土地类型、资源与环境价值、总价值密度、灾害防治工程覆盖度与有效度来分析研究区的承灾体敏感度，并以历史经验的方式给出承灾体破坏损失程度及相关因素权重系数。Galli 和 Guzzetti（2007）依据意大利中部 Unbri 地区详细的滑坡灾害编录数据，基于统计分析方法估计了该区 103 个滑坡的可能影响范围，并根据历史建筑物和公路受滑坡灾害危害程度资料建立了承灾体易损性函数，得到了该区的滑坡易损性分布图。Kaynia 等（2008）考虑了灾害作用强度及承灾体脆弱性参数的不确定性，应用 FOSM 模型求解滑坡易损性概率，其中对建筑物主要考虑其结构特征及维护程度，对人口则考虑其年龄结构、文化程度及收入状况。Papathoma- Köhle 等（2015）提出了一种可供最终用户（如地方当局，决策者等）评估未来滑坡事件造成的经济损失的工具，该工具关注灾难性过程且包括三个功能：①增强事件后损害数据收集过程；②评估未来事件造成的货币损失；③通过添加最近事件的数据，不断更新和改进现有的脆弱性曲线。Lin 等（2017）基于中国 2003 ~ 2012 年发生的 100 起山体滑坡事件的数据集，建立了滑坡强度造成的人员伤亡的经验关系，并基于损失标准差给出了滑坡人口伤亡风险的最大和最小阈值曲线。总体而言，滑坡灾害承灾体易损性定量分析仍处于探索阶段。

1.4.3　堰塞湖风险研究进展

地震形成的堰塞坝体具有渗透性强、稳定性差的特点。受径流与降水作用影响，堰塞湖的水位上涨迅速，从而引起不同水位的淹没。同时，随着堰塞湖库容量的增加，坝体存在因漫顶溢流、管涌或者渗透而形成瞬间溃决，进而可能给下游人民的生命、财产带来难以估量的损失（曹波等，2015）。

现有的堰塞湖淹没分析研究较少，因为根据 DEM 数据可以绘制出堰塞湖上游淹没曲线。堰塞湖的淹没风险则与洪水的淹没风险类似。而关于溃坝风险评估的研究主要包括快速、定性或半定量的模型分析和详尽、定量的模型分析两类。第一类模型以经验或统计信息为依据，将溃坝灾害分为若干类型，分别给出每个类型的风险等级或损失值。例如，Graham（1999）和周克发等（2007）将溃决洪水淹没区域按照破坏力、预警和对洪水的知情情况分成若干区间，并分别设定生命损失值用于风险评估。第二类模型基于模拟得到的详细水力学参数，建立人体稳定性、生命损失和水力学参数之间的关系模型，并详细计算了不同水力学条件下的人体稳定性和生命损失情况。例如，Abt 等（1989）和 Rescdam（2000）通过理论和实验分析得出人在水流中的稳定临界条件。Jonkman 和 Penning-Rowsell（2008）提出综合考虑水力学参数、地形参数和人员疏散情况的风险评估模型。曹波等（2015）以唐家山堰塞湖为例，采用水文流量演算法和二维水动力学模型法，对不同水位条件下的溃决洪水进行快速预测与模拟；基于遥感技术和 GIS 平台，模拟并展示堰塞湖溃决后下游潜在淹没影响范围，实现堰塞湖溃决后下游淹没风险的快速评估。石振明等（2016）提出一套基于最基本的堰塞坝几何参数、河道三维地形信息和人口分布数据的快速定量风险评估方法，并以2014年鲁甸地震形成的红石岩堰塞湖为例，分析了堰塞坝突发区域内的溃决、洪水演进和生命损失。刘建康等（2016）根据 Casagli 和 Eimini 基于堰塞坝体积、坝高和流域面积三个参数提出的地貌无量纲堆积体指数法（dimensionless blockage index，DBI），对红石岩堰塞湖的溃决风险进行判别，并围绕红石岩堰塞湖形成背景条件、溃决风险指数、溃决洪水峰值流量、洪水演进和风险处置等方面的内容进行分析，初探了堰塞湖风险评价体系。

1.4.4 灾害链多灾种风险研究进展

依据自然灾害风险理论，多灾种风险研究包括多灾种危险性研究、多灾种易损性研究及多灾种风险评估三个方面。目前，多灾种危险性研究和多灾种风险评估已有一定的进展，多灾种综合易损性研究成果非常之少。

多灾种危险性研究必须考虑单一危险事件的特征及它们之间的相互作用和相互关系，如地震引发滑坡，极端降雨导致洪水或山体滑坡等均体现了在原生灾害之后产生次生灾害的效应（Delmonaco et al.，2006）。因此，多灾种危险性研究包括各级灾害危险性研究和灾害之间的相互关系分析两个方面。

由于不同灾害的性质、强度、复发周期等强度单位各有不同，因此在多灾种研究中，标准化量纲的方法成为最初的研究方法（Heinimann et al.，1998；Delmonaco et al.，2006；Thierry et al.，2008）。例如，Moran 等（2004）针对雪崩和滑坡灾害提出了一种区域范围内多灾种危险性分析的概念框架，可通过叠加灾害元素来确定多灾种风险。Delmonaco 等（2006）提出了一种可在空间范围内将多个灾害危险划分高、中、低三个等级的方法，实现了区域范围内灾害的统一分级与空间规划。瑞士自然灾害评估准则在根据分类方法将区域内的各类灾害划分为高、中、低危险的基础上，加入频率的概念，通过灾害强度和频率的组合来确定危险等级（Heinimann et al., 1998；Kappes et al., 2012）。Thierry 等（2008）则采用多重灾害分析方法对喀麦隆山火山的斜坡不稳定过程和构造现象进行了分析，并按照预期损害水平将每种灾害设置为五个强度，通过组合各灾害频率和强度的阈值，确定最终危险等级。Chiesa 等（2003）针对亚洲太平洋地区的地震和热带风暴灾害在分类方法的基础上，继续通过矩阵的方法确定多灾种危险性等级，从而综合了两类灾害的危险性，如高危险和低/无危险重叠可能导致中等程度危险，极高危险和低/无危险的重叠可能导致高危险等。而 Odeh（2001）则基于指标方法提出一种基于灾害概率（FS）、灾害强度（IS）及灾害影响面积（AIS）的空间连续性综合评分（HS）方法：HS = FS×IS×AIS，实现了区域范围内空间上的连续性分析。

现有的关注灾害间相互关系的研究主要体现在矩阵方法和过程模型两个方面。例如，Tarvainen 等（2006）通过识别欧洲具有潜在相互作用的危害并对其赋值来确定可能的相互作用；Marzocchi 等（2009）提出通过事件树来确定初始事件之后的可能情景并对其概率进行量化。同时，一些概率模型的研究和过程模型的研究也促进了灾害链关系研究的发展（Harp and Wilson, 1995；Keefer, 2002）。

目前，关于多灾种脆弱性的综合分析非常少。灾害在时空上的同时发生或相继发生对承灾体脆弱性存在一定程度的缩小或放大效应，这种关系的研究无论在数据上还是在模拟上都存在很大的研究困难。FEMA（2011）探索开发了飓风和洪水损失的综合评估方法，以避免重复"计算"损害。该种方法基于以下假设：飓风和洪水的联合损失必须大于飓风或洪水单一损失的较大值，且不能高于两种类型损失的总和或建筑物重置价值的100%。具体表达公式为

$$\max(W,F) \leq C \leq \min(W+F,1.0) \tag{1-14}$$

如果损害是在建筑物内随机均匀分布，两类损失可以视为独立，合并损失率为

$$C = W+F-W\times F \tag{1-15}$$

式中，W 为飓风的损失率；F 为洪水的损失率；C 为飓风及洪水的综合损失率。

多灾种风险评估是定量表达人口、经济等承灾体的损失情况，由于不同灾种

的损失量之间不存在量纲的问题，多灾种的风险可以直接综合表达。多灾种风险研究主要存在定性分析、半定量分析和定量分析 3 种方式。例如，Sperling 等（2007）通过将危险性和脆弱性进行分级，采用矩阵组合的方式来定性分析多灾种风险级别。Dilley 等（2005）在计算各类灾害危险性和脆弱性的基础上，运用脆弱性指数方法加权计算多灾种风险。Greiving 等（2006）基于各类灾害的危险性，提出运用综合风险指数加权分析多灾种的总体风险级别。在定量分析多灾种风险方面，HAZUS、RiskScape 和 CAPRA 是政府风险管理的三大多灾种风险分析平台。其中，HAZUS 是美国联邦紧急事务管理局开发的一种多灾种风险分析平台，该平台基于 GIS 开发，可以对洪水、飓风和地震等灾害引起的潜在损失进行标准化风险估计（FEMA，2011）。RiskScape 为新西兰用于评估包括洪水、地震、火山活动、海啸和台风在内的多种灾害的综合风险的模型，它在物理模块添加了概率方法，并提供了可定量分析直接损失和间接损失的风险模块（Reese et al.，2007a，2007b；GNS and NIWA，2010；Schmidt et al.，2011）。

在国内，王翔（2011）借鉴供应链和事故链的链式风险评估模式，构建了一个区域灾害链的影响因素指标体系，并提出了区域灾害链风险评估模型，来定量计算灾害链的风险值。王静爱（2013）以广东为例，详细分析了台风灾害链的形成过程、损失分布和风险评估，并建立了区域台风灾害链风险防范模式。张卫星和周洪建（2013）以汶川地震灾害链为例，对地震-滑坡灾害链进行了分析，并提出了基于多灾种危险性和脆弱性的概念模型框架（图 1-6）。刘爱华和吴超（2015）提出一种基于复杂网络结构的灾害链风险评估模型，并以珠海的台风灾害链为例进行了验证。吴绍洪等（2017）基于近中期（2021～2050 年）气候情景，分析了中国未来气温和降水的变化趋势与速率，评价了干旱、高温热浪及洪

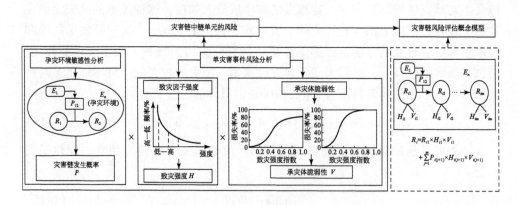

图 1-6　基于多灾种危险性和脆弱性的概念模型框架（张卫星和周洪建，2013）

涝等极端事件的危险性，并依据人口、经济、粮食生产和生态系统等承灾体风险对中国进行了综合风险定量评估，提出中国综合气候变化风险区划三级区域系统方案。

总体来讲，多灾种风险研究中多种灾害（灾害群）风险时空上的叠加分析研究已较为深入，对于具有链式效应的多灾种长链节（如地震–滑坡–堰塞湖–洪水灾害链）的定量风险研究还需要进一步探索。

第2章 | 研究区自然、社会经济状况及地震地质灾害发育概况

2.1 自然地理特征

2.1.1 位置与范围

青藏高原东缘位于我国第二阶梯与第三阶梯的过渡地带，西侧伴随青藏高原强烈抬升，东侧北部为秦岭造山带和大巴山构造带，是地震构造带的活动区域。区域内地形陡峭，峡谷纵深，为我国西南地区典型山区地带。龙门山断裂带是青藏高原主要的地震活动带，断裂构造以 NE 向为主，地震活动强烈，崩塌、滑坡、泥石流等地质灾害频发，汶川地震、雅安地震等均发生在该构造带，震后形成了众多崩塌、滑坡、堰塞湖等次生灾害。灾害群、灾害链等多灾种的发生对当地的人口及经济造成了严重的影响。

汶川地震是发生于龙门山断裂带上的一次大型地震灾害，其极重灾区与青藏高原东缘具有高度相似的地理环境特征。汶川地震极重灾区海拔由 450～600m 陡增至 2500～3000m，最高处超过 6000m；除东部的四川盆地地势低缓以外，其他地区地形起伏程度大，多数在 1000m/km² 以上，最大起伏程度可达 1500m/km²。汶川地震极重灾区在地理位置与地理环境上，对青藏高原东缘具有一定的代表性，因此，本书选取汶川地震极重灾区作为山区地震–滑坡–堰塞湖灾害链研究的研究区，具体行政县（市）包括：汶川县、北川羌族自治县、绵竹市、什邡市、青川县、茂县、安县[①]、都江堰市、平武县、彭州市及广元市利州区西部地区（简称利州西区）。研究区地域高程剖面图与行政区域图分别如图 2-1 与图 2-2 所示。

2.1.2 地质背景条件

研究区属于扬子地台地层分布，各时代地层均有不同程度出露，受龙门山断

---

① 2016 年，安县撤县改区，更名为安州区。

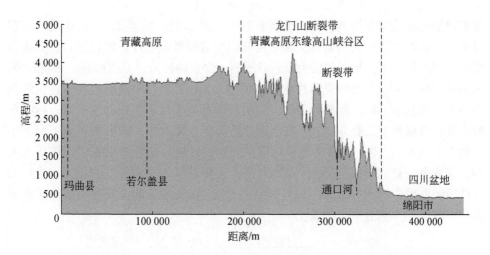

图 2-1　研究区地域高程剖面图

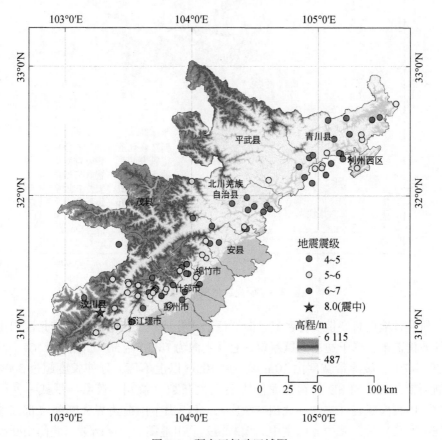

图 2-2　研究区行政区域图

裂带地层运动的切割影响，部分地层有缺失（图2-3）。震旦系（Z）地层由下震旦统火山岩组中酸性火山岩和上震旦统陡山沱组碎屑岩及灯影组白云岩、硅质岩组成。寒武系（Є）地层岩性为黑色硅质岩、含炭粉砂岩、石英砂岩、磷块岩等。奥陶系（O）岩性为大理岩和片岩。志留系（S）岩性为中浅变质的灰色、绿色千枚岩。泥盆系（D）岩性为千枚岩、绢云母石英千枚岩、铁硅质灰岩、结晶灰岩、块状灰岩等。二叠系（P）岩性为各类灰岩、凝灰岩、粉砂质页岩、泥质粉砂岩等。三叠系（T）岩性为紫灰色厚层泥质粉砂岩、灰色炭质页岩、砂质页岩等。侏罗系（J）岩性以砾岩、砂岩为主，夹粉砂岩、泥岩等。白垩系（K）为山前断陷盆地中沉积的红层沉积。第四系（Q）在震区东部主要为山前冲洪积扇沉积，在北部为新近系沉积黄土。

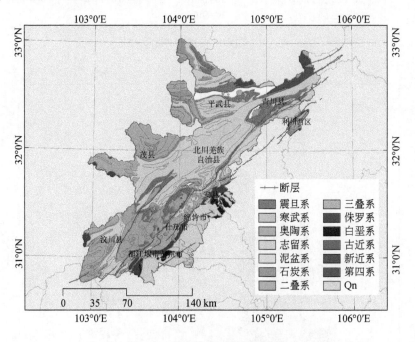

图 2-3　研究区地层及断层分布

　　研究区地层断裂带发育密集，断层活动十分强烈。龙门山断裂带是区内主要的地质构造带，属于逆冲推覆断裂，总体走向为 NE30°~50°，倾向为 NW，倾角为 50°~70°，破碎带宽度由 10m 以下到 100m 以上不等，延伸长度超过 500km。该断裂带自 NW 向 SE 分别为龙门山后山大断裂（汶川—茂县—平武—青川）、龙门主中央大断裂（央秀—北川—关庄）、龙门山主山前边界大断裂（都江堰—汉旺—安县）等，其中龙门主中央大断裂是汶川地震的发震断裂。龙门山断裂带以右旋斜冲运动为主，龙门山后山大断裂以右旋走滑为主兼具逆冲分量，龙门山主中央大断裂属典型的右旋斜冲断裂，龙门山山前边界大断裂以逆冲为主兼具右旋分量。龙门山主中央大断裂的走向为 NE35°~45°，倾向为 NW，倾角为 50°~70°，长度达 500km，断裂线性特征清晰，断裂沟槽地貌显著，局部段水系发生右旋位移。

2.1.3　土地利用方式及植被条件

耕地、林地及草地是研究区的三大主要土地利用方式，在空间上由东向西呈条带状分布（图 2-4）。耕地主要分布于都江堰市、彭州市、什邡市、绵竹市及安县东部的地势平缓地区，与林地镶嵌分布。草地主要分布于汶川县、茂县、平武县北部等地区。研究区内植被可分为湿润半湿润森林区和干旱半干旱森林/草原区两类。湿润半湿润森林区分布着大片的亚热带常绿阔叶林，同时夹含较大面积常绿落叶阔叶混交林、落叶阔叶林或针阔混交林。此种类型的植被具有明显的垂直地带性分布规律，植被条件良好，森林覆盖率高；除地质灾害频发的河谷地段水土流失相对突出之外，大部分地区水土保持能力相对较好。干旱半干旱森林/草原区主要分布于干热河谷地带，这些地区地形相对陡峭，海拔变幅较大，土壤发育时间相对而言比较短，土层较薄，多砾石，抗蚀抗冲刷能力较弱，特别容易发育坡面冲沟及坡面滑坡。

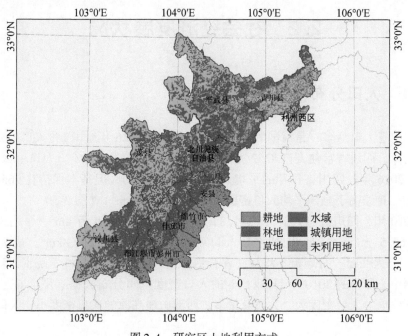

图 2-4　研究区土地利用方式

2.1.4　气候及水文条件

　　研究区东部山地基带气候为亚热带湿润季风气候，西部山地为干旱河谷气候。由于地形变化显著，整个区域气候差别较大，气温、降水、光照分布极不均衡。研究区年降水量最多的地区为北川羌族自治县，年降水量为 1280mm；都江堰市年降水量为 1178mm，年际最多暴雨日数可达 10 天；而茂县和汶川县的年降水量仅为 484mm 和 524mm。研究区主要的气象灾害有暴雨洪涝、雷电、冰雹、高温、干旱、雪灾、霜冻、寒潮等，每年 5～9 月是研究区灾害的多发季节，而且气象灾害进一步加剧了研究区的泥石流、山体滑坡等次生灾害。

　　研究区水系，以龙门山和岷山的山顶面为分水岭，以深切河谷特征为主，均汇于长江。研究区内主要水系均为长江左岸的支流，自西向东依次为岷江、沱江、嘉陵江，整体均为自北向南流向。岷江发源于岷山南麓，自都江堰市以上河段纵比降为 8.2‰，流速最大可达 6～7m/s；大渡河位于岷江西侧，为岷江的主要支流之一；沱江发源于龙门山主峰九顶山，自北向西南东流经成都平原，支流自西向东依次为湔江、石亭江、绵远河，沱江水势较为平稳。嘉陵江发源于秦岭，支流有八渡河、西汉水、白龙江、渠江、涪江等。

2.2　社会经济发展状况

2.2.1　人口分布情况

　　四川省人口众多，是我国的人口大省之一，据 2016 年全国 1% 人口抽样调查资料测算，四川省常住人口 8262 万人，占全国总人口的 6.0%，人口基数极大。2001～2016 年，四川省每年的平均人口密度略微波动，但基本保持在 165～171 人/km²，持续高于全国平均人口密度（133～145 人/km²）（图 2-5）。

　　2010 年，四川省总人口为 8041.82 万人，面积为 48.6 万 km²，平均人口密度为 165.5 人/km²。四川省各县人口密度最小值为 3.2 人/km²，最大值为 18 342.65人/km²，分布极不均衡（郭金铭，2014）。根据中国科学院资源环境科学数据中心所得的 2010 年 1km×1km 的人口密度空间分布数据（图 2-6），研究区东部盆地的人口密度大，人口总量多；西部山地高原的人口密度小，人口总量

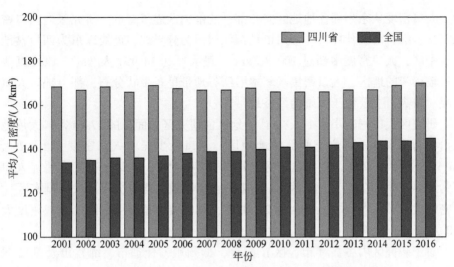

图 2-5　2001～2016 年四川省及全国平均人口密度
数据依据四川省及全国常住人口总数及行政面积计算而得

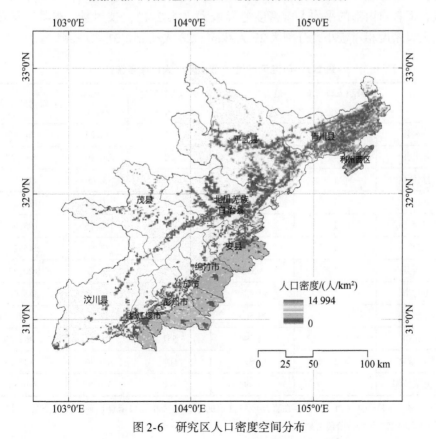

图 2-6　研究区人口密度空间分布

少。人口密度从东南部盆地地区向西部、北部山区逐步降低。研究区内人口密度以安县、绵竹市、什邡市、彭州市及都江堰市为分界线，该线以东为四川盆地人口稠密区，人口密度多超过 100 人/km²，最大可达 14 994 人/km²；该线以西为人口较稀疏的地区，人口密集区基本沿河谷地带呈条带状分布，部分地区人口密度相对较高，主要位于宽阔的河谷地带。

研究区人口密度小于 1 人/km² 的地区占研究区总面积的 57.61%，大片地区人口极为稀少，主要位于西部山地地区。人口稀少区（人口密度为 1~25 人/km²）比例为 4.86%，主要位于河谷非中心城区地带；人口中等密度区（人口密度为 25~100 人/km²）比例为 11.50%，在多数地区均有分布；人口稠密区（人口密度大于 100 人/km²）比例为 26.03%，其中人口超级稠密区（人口密度大于 500 人/km²）比例为 10.29%，主要位于西南平缓地区。

对于研究区内各县（市、区）而言，彭州市、什邡市、绵竹市及都江堰市的最大人口密度，均超过了 10 000 人/km²（表 2-1）。同时，彭州市、什邡市、绵竹市、都江堰市与安县拥有较大平均人口密度，人口总量较大，均属于人口稠密区，但各自内部的平均人口密度差异极大（表 2-1）。汶川县、茂县、平武县平均人口密度相对较小，分别为 23 人/km²、28 人/km²、31 人/km²。

表 2-1 研究区各县（市、区）人口体量统计

县（市、区）	最小人口密度/（人/km²）	最大人口密度/（人/km²）	平均人口密度/（人/km²）	人口总量/万人	人口密度标准差
平武县	1	1 936	31	18.24	79.00
青川县	1	2 076	70	20.19	83.22
利州西区	1	325	117	3.75	80.79
茂县	1	5 363	28	10.87	126.25
北川羌族自治县	1	1 781	65	18.76	105.04
安县	1	3 576	346	47.88	345.21
汶川县	1	4 315	23	9.40	120.22
绵竹市	1	11 834	404	50.44	845.81
什邡市	1	13 509	498	42.71	1 149.27
彭州市	1	14 994	551	78.31	1 062.95
都江堰市	1	11 814	503	60.26	1 326.73
研究区范围	1	14 994	140	360.82	516.88

注：最小值是全县（市、区）存在直接经济价值的地区的最小人口密度；平均值为全县（市、区）的平均人口密度，无经济价值的地区亦参与统计

2.2.2　经济发展状况

四川省是我国西南地区的经济重地，全省 GDP 排名一直保持在全国前十位；2010～2016 年，四川省 GDP 居全国前 8 名。2001～2016 年，四川省 GDP 由 2001 年的 4293 亿元上升至 2016 年的 32 935 亿元，经济得到了快速发展。根据国家统计局数据进行分析，四川省人均 GDP 一直低于全国平均水平，且基本维持在全国人均 GDP 的 60%～80%（图 2-7）。尽管如此，2001～2016 年，四川省的人均 GDP 也得到了快速的增长，由 2001 年的 5376 元增长到 2016 年的 40 003 元。

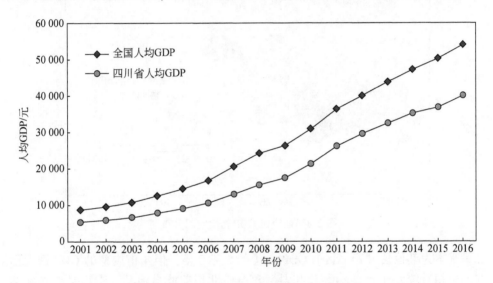

图 2-7　2001～2016 年全国及四川省人均 GDP

由于研究区位于青藏高原东缘地带，西部为高耸的山峦，东部为成都平原，研究区的经济活动范围主要集中在东部平缓地带，包括绵竹市、什邡市、彭州市及都江堰市等地；安县、汶川县、茂县、北川羌族自治县、平武县、青川县等地的经济水平相对较低。从 GDP 密度（单位面积上的经济量）来看，研究区的最大 GDP 密度为 13667.22 万元/km²，GDP 密度高的地区主要集中于绵竹市、什邡市、彭州市及都江堰市城区（图 2-8）。

统计研究区各县（市、区）的最小 GDP 密度、最大 GDP 密度及平均 GDP 密度，结果如表 2-2 所示。统计结果显示，都江堰市、什邡市、彭州市、绵竹市及安县地处东部平缓地带，拥有高 GDP 密度。其中，什邡市和都江堰市的经济水平相对较高，平均 GDP 密度均超过 1000 万元/km²；彭州市、都江堰市及什邡市的 GDP 总量在 100 亿元以上，绵竹市的 GDP 总量接近 100 亿元，这 4 市的 GDP

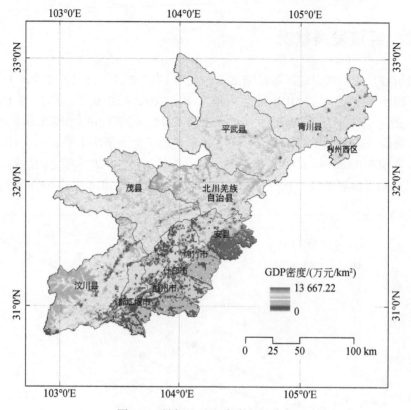

图2-8 研究区GDP密度空间分布

总量基本为其他县（市、区）GDP总量的5~10倍，但4市内部的GDP密度标准差也相对较大（表2-2）。汶川县、茂县、北川羌族自治县、青川县、平武县及利州西区的平均GDP密度均在100万元/km²以下。

表2-2 研究区各县（市、区）GDP体量统计

县（市、区）	最小GDP密度/（万元/km²）	最大GDP密度/（万元/km²）	平均GDP密度/（万元/km²）	GDP总量/万元	GDP密度标准差
平武县	0.01	5 244.00	23.98	140 806.17	173.88
青川县	0.00	4 707.70	31.01	89 893.64	166.53
利州西区	0.91	2 036.20	66.69	21 340.08	209.68
茂县	0.02	6 515.44	30.85	117 718.75	157.98
北川羌族自治县	0.01	3 214.96	43.86	126 436.83	152.97
安县	0.76	9 176.57	314.68	434 881.52	708.60
汶川县	0.03	4 052.11	73.23	297 474.94	210.96

续表

县 (市、区)	最小 GDP 密度 /(万元/km²)	最大 GDP 密度 /(万元/km²)	平均 GDP 密度 /(万元/km²)	GDP 总量 /万元	GDP 密度标准差
绵竹市	0.19	8 359.77	795.57	992 079.12	1 021.95
什邡市	0.19	13 223.54	1 359.77	1 166 686.14	1 650.43
彭州市	7.57	12 302.82	821.37	1 167 161.16	1 122.04
都江堰市	2.39	13 667.22	1 057.74	1 266 117.50	1 930.04
研究区范围	0.00	13 667.22	226.53	5 820 595.86	758.32

注：最小值是全县（市、区）存在直接经济价值的地区的最小 GDP 密度；平均值为全县（市、区）的平均 GDP 密度，无经济价值的地区亦参与统计

2.3　地震地质灾害发育及调研情况

2.3.1　地震地质灾害发育情况

1. 历史地震发育情况

根据中国地震台网观测数据，截至 2019 年 3 月 20 日，台网记录的全国地震数量为 8390 次，其中 4~5 级地震为 3229 次，5~6 级地震为 3988 次，6~7 级地震为 972 次，7~8 级地震为 180 次，8~9 级地震为 21 次；四川省地震数量为 459 次，其中 4~5 级、5~6 级、6~7 级、7~8 级、8~9 级地震分别为 180 次、201 次、58 次、19 次、1 次，四川省地震数量占全国地震数量的 5.47%。对于研究区的地震事件而言，四川省 33.55% 的地震发生在研究区内，46.67% 的 4~5 级地震发生在研究区，唯一一次 8~9 级地震发生在研究区（表 2-3）。

表 2-3　研究区历史地震发育情况

震级	全国地震 数量/次	四川省地震 数量/次	四川省地震数量占 全国地震数量比例/%	研究区地震 数量/次	研究区地震数量占 四川省地震数量比例/%
4~5	3229	180	5.57	84	46.67
5~6	3988	201	5.04	59	29.35
6~7	972	58	5.97	8	13.79
7~8	180	19	10.56	2	10.53
8~9	21	1	4.76	1	100.00
总量	8390	459	5.47	154	33.55

2. 历史地质灾害发育情况

研究区位于四川省内东部盆地与西部山区过渡地带，受地震活动影响，地质灾害频繁。平缓河谷及盆地边缘地带人口相对密集，社会经济发展状况良好，因此地质灾害对当地的人口和财产经济构成了严重的威胁。依据《中国环境统计年鉴》的"地质灾害及防治情况"统计数据，1999～2017 年，四川省地质灾害发育较多，社会经济损失及人口伤亡情况较为严重，尤其在汶川地震前后，四川地质灾害灾情相对突出。

(1) 1999～2017 年地质灾害发育情况

四川省地质灾害年际差异相对较大，汶川地震（2008 年）前夕和震后 5 年，崩塌、滑坡、泥石流地质灾害极为频繁（图 2-9）。2007～2013 年，崩塌、滑坡、泥石流年均发生数量高达 3459 次，年发生数量最高为 7486 次（2007 年）；2008年、2010 年、2011 年、2012 年、2013 年崩塌、滑坡、泥石流发生数量分别达5882 次、2100 次、1974 次、3136 次、2739 次。2002 年与 2003 年，崩塌、滑坡、泥石流发生数量也高达 2432 次和 1674 次，1999 年崩塌、滑坡、泥石流发生数量最低，为 87 次。就单类地质灾害而言，1999～2017 年，滑坡所占的比例最高，为 62%；崩塌所占的比例次之，为 20%；泥石流所占的比例最小，为 18%。根据年际发生数量变化，在汶川地震前夕和震后 5 年，受坡体稳定性降低影响，滑坡、崩塌、泥石流的发生数量较往年明显增高，地震对滑坡、崩塌、泥石流的影响会有一个震前效应和相对较长的滞后效应。

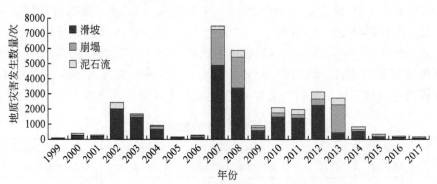

图 2-9　1999～2017 年四川省崩塌、滑坡、泥石流地质灾害发生数量

该统计数据不包含 2008 年汶川地震期间崩塌、滑坡、泥石流地质灾害发生数量

(2) 1999～2017 年地质灾害人口伤亡情况

地质灾害对人的生命安全具有严峻威胁，一旦受灾被掩埋，将难以幸存。根据 1999～2017 年四川省地质灾害人口伤亡统计数据（图 2-10），除 2014～2016年地质灾害人口伤亡数量较低外，其他年份地质灾害人口伤亡情况均较为严重。

数据统计期间，年平均人口伤亡数量和死亡数量分别达 159 人和 77 人，尤其 2003~2013 年，人口伤亡情况较为严峻，在 200 人以上。

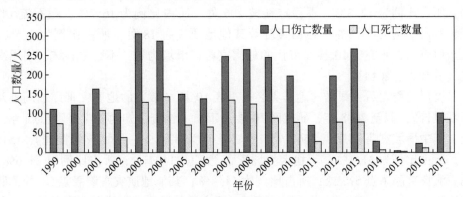

图 2-10　1999~2017 年四川省地质灾害人口伤亡情况

该统计数据不包含 2008 年汶川地震期间崩塌、滑坡、泥石流地质灾害的人员伤亡数量

（3）1999~2017 年地质灾害直接经济损失情况

地质灾害的发生对经济财产损失构成了严重威胁，地质灾害灾情统计数据显示，1999~2017 年，四川省年平均地质灾害直接经济损失为 57 530 万元。尤其是 2010~2014 年，地质灾害直接经济损失明显较大，年损失量分别为 90 067 万元、191 824 万元、125 017 万元、189 587 万元、77 138 万元，年均损失量达 134 727 万元。2008 年汶川地震之后，频频发生的地质灾害造成了大量的直接经济损失（图 2-11）。

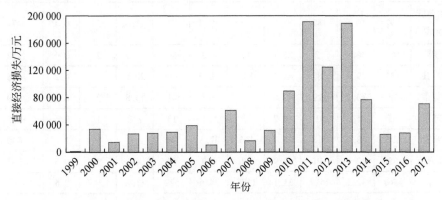

图 2-11　1999~2017 年四川省地质灾害直接经济损失情况

该统计数据不包含 2008 年汶川地震期间崩塌、滑坡、泥石流地质灾害的直接经济损失量

（4）汶川地震次生地质灾害风险情况

汶川地震之前，根据国土资源部提供的相关资料，都江堰市、彭州市、汶川

县、绵竹市、什邡市、茂县、北川羌族自治县、安县、青川县和平武县10个县
(市) 共调查地质灾害1231处,其中滑坡706处,所占比例为57.4%,崩塌154
处,所占比例为12.5%,不稳定斜坡206处,所占比例为16.7%,泥石流147
处,所占比例为11.9%,地面裂缝等其他地质灾害18处,所占比例为1.5%。
汶川地震前,研究区10县(市)的地质灾害以滑坡为主,不稳定斜坡、崩塌次
之(乔建平,2014)。

　　汶川地震之后,根据《地震灾区极重区10县(市)的地质灾害详细调查及
区划报告》,截至2008年,研究区10县(市)共调查已知地质灾害隐患点4864
处,其中滑坡灾害隐患点1562处,所占比例为32.1%;崩塌灾害隐患点1512
处,所占比例为31.1%;不稳定斜坡灾害隐患点1197处,所占比例为24.6%;
泥石流灾害隐患点572处,所占比例为11.8%;其他地质灾害隐患点21处,所
占比例为0.4%(表2-4)。汶川地震后,研究区的滑坡、崩塌和不稳定斜坡大量
发育,灾害总量为发育前的400%以上(乔建平,2014)。

表2-4　汶川地震后研究区各县(市)灾害类型(乔建平,2014)

县(市)	滑坡		崩塌		不稳定斜坡		泥石流		其他		总数/处
	数量/处	比例/%	数量/处	比例/%	数量/处	比例/%	数量/处	比例/%	数量处	比例/%	
平武县	151	38.0	122	30.7	69	17.4	55	13.9	0	0.0	397
青川县	375	30.2	251	20.2	588	47.4	25	2.0	3	0.2	1242
茂县	189	43.6	89	20.6	106	24.5	49	11.3	0	0.0	433
北川羌族自治县	192	40.5	147	31.0	60	12.7	73	15.4	2	0.4	474
安县	164	46.4	92	26.1	15	4.2	80	22.7	2	0.6	353
汶川县	135	19.3	287	41.1	132	18.9	143	20.5	1	0.2	698
绵竹市	78	30.1	129	49.8	9	3.5	41	15.8	2	0.8	259
什邡市	65	35.2	91	49.2	15	8.1	13	7.0	1	0.5	185
彭州市	126	28.6	113	25.7	165	37.5	28	6.4	8	1.8	440
都江堰市	87	22.7	191	49.9	38	9.9	65	17	2	0.5	383
合计	1562	32.1	1512	31.1	1197	24.6	572	11.8	21	0.4	4864

2.3.2　野外调查与考察

　　研究区震后地质灾害发育密集,地质灾害类型多样,依据其常规形成机制和

发育特征可分为滑坡、崩塌、坡面碎屑流、泥石流、堰塞湖等类型。

1. 滑坡

滑坡是汶川地震诱发的主要地质灾害之一。地震诱发的滑坡具有规模大、数量多、运动距离长、速度快等特点，是造成人员伤亡和财产损失最为严重的山地地质灾害。原北川县城的王家岩滑坡和北川中学滑坡，规模巨大，人员伤亡极其惨重，其中王家岩滑坡造成 1600 余人遇难。2017 年茂县叠溪滑坡则是受 1933 年叠溪地震及汶川地震影响，岩层存在大距离裂缝，经后期降水共同作用影响而形成的一次滞后型重大滑坡灾害事件。图 2-12 为 2015 年考察过程中拍摄的肖家桥滑坡体和北川中学滑坡体。

(a) 肖家桥滑坡体   (b) 北川中学滑坡体

图 2-12　研究区大型滑坡体示意图

2. 崩塌

崩塌是研究区另一发育繁多的地质灾害。震后崩塌一般由垂直临空面破碎岩体失稳形成，崩积物多由大量岩体组成，级配相对完整，破坏能力强大，往往能造成显著的人员伤亡和财产损失。崩积物块度相对较大，细屑、碎屑物质相对较少，相比滑坡而言，崩塌多以一次性危害为主，难以补给形成泥石流等次生灾害类型（乔建平，2014）。

3. 坡面碎屑流

坡面碎屑流是小型的浅层崩滑体随着山体不停滑动、滚动或流动，形成的浅层坡体表层碎屑流。坡面碎屑流一般厚度较小，在数厘米至数米，发育形式包括单体坡面碎屑流和群发式坡面碎屑流两种。在研究区干热河谷地带，坡体植被覆盖相对较差，风化严重的坡体表层发育了大面积的碎屑流，因此坡面碎屑流成为研究区分布最为广泛的地质灾害（图 2-13）。坡面碎屑流直接破坏能力较滑坡、崩塌而言明显偏弱，不易造成灾害损失。但群发式坡面碎屑流极易被河流和降水冲刷，补给形成泥石流。

(a) 示意图1   (b) 示意图2

图 2-13   研究区浅层坡面碎屑流示意图

4. 泥石流

受地震影响，结构被扰动破坏的岩土体及崩塌滑坡形成的松散崩滑体，在遭遇持续降水时极易进一步演变形成泥石流。2010 年 8 月，四川省部分地区普降大到暴雨，致使研究区绵竹市、汶川县和都江堰市等地多处遭受泥石流灾害，期间发育的泥石流多达 211 处（乔建平，2014）。图 2-14 是考察过程中拍摄的凤毛坪泥石流沟和文家沟泥石流沟。其中，文家沟泥石流的滑坡源区顶端与文家沟前缘沟的高差约 1364m，滑体最高滑速达 93 ~ 122m/s。汶川地震后，截至 2009 年 9月，降水诱发碎屑堆积体形成了多次泥石流，最大时冲出固体物质约 450 万 m^3（许强等，2009）。

(a) 凤毛坪泥石流沟   (b) 文家沟泥石流沟

图 2-14   研究区泥石流沟示意图

5. 堰塞湖

堰塞湖是山体岩石受地震活动影响崩塌下来堵截山谷、河谷或河床后储水而形成的湖泊。堰塞湖的形成导致坝体上游水位迅速上升，淹没村庄农田，形成洪灾。堰塞湖的坝体受冲刷、侵蚀、溶解等作用，湖水漫溢而出，倾泻而下，形成洪峰，对下游极其危险。汶川地震形成的堰塞湖多达 256 处，其中 34 处堰塞湖危险性较大（Cui et al., 2009）。唐家山堰塞湖位于涧河上游，是北川灾区面积最大、危险最大的堰塞湖。唐家山堰塞湖的坝体顺河长约 803m，最大宽约611m，顶部面积约 30 万 m²，由石头和山坡风化土组成。唐家山堰塞湖最高水位达 743.1m，最大库容 3.2 亿 m³，湖上游集雨面积 3550km²。一旦溃决，将导致极大洪灾。为避免坝体溃堤，危险的堰塞湖均需通过疏浚方式引流。考察过程中，堰塞湖均已疏浚，图 2-15 是研究区的唐家山堰塞湖和肖家桥堰塞湖。

(a) 唐家山堰塞湖（李刚摄）　　　(b) 肖家桥堰塞湖（来自《中国国家地理》）

图 2-15　研究区堰塞湖示意图

第3章 地震地质灾害链孕灾环境分析

3.1 地震滑坡孕灾环境分析

3.1.1 地震滑坡致灾因子

依据地震地质灾害的发育特征，影响地震滑坡发育和分布的主要因素一般包括3个方面：地形地貌、地质环境、赋存环境（河流分布、土地利用方式、植被指数等）。

1. 地形地貌

地形地貌是滑坡等地质灾害发育的前提条件。

斜坡的坡度是影响滑坡稳定性的最重要的因素，直接影响坡体有效临空面的形成，它从几何特征上决定了滑坡的分布。坡度直接决定斜坡的应力分布，控制滑坡的稳定性。一般而言，地形坡度越大越容易引发滑坡、崩塌等地质灾害。研究区内有大量的河谷地貌，两岸坡度较大，高陡的地形条件为地质灾害的形成提供了势能条件。

坡向的变化直接影响岩土体受风化、剥蚀和侵蚀等外营力作用的强度。一般而言，在我国区域范围内，东向坡、南向坡风化程度较高，北向坡风化程度较低。岩土体脆弱程度在一定程度上影响坡体的稳定性，因此坡向对滑坡的发生具有一定的间接影响。

2. 地质环境

断裂构造对地震滑坡的形成有直接影响。断裂两盘的差异升降，给滑坡提供势能和临空条件，如沿断层出现的断层三角面、断层崖都是滑坡易于发育的场所。地震能量是断层活动强度的直接体现，可由峰值地面加速度（peak ground acceleration，PGA）等地震动参数体现。地震能量与断层分布具有一定的相关性，在距离能量释放点同等距离的不同区域，距离断层较近的区域往往具有更高的震动能量。但是，PGA在一定程度上受地形条件影响（地形对地震动特征存在一定的放大效应），因此在不同的地形条件下，地震动特征存在明显差异，坡体的破坏特性与滑坡的发生状况也各有不同。

岩土体是产生滑坡的物质基础。一般来说，各类岩土体都有可能构成滑坡体，其中结构松散、抗剪强度和抗风化能力较低，且性质在水的作用下能发生变化的岩土体，如松散覆盖层、黄土、红黏土、页岩、泥岩、煤系地层、凝灰岩、片岩、板岩、千枚岩等，以及软硬相间的岩层斜坡易发生滑坡。

水文地质在滑坡形成中起着重要作用。地下水活动对滑坡的作用主要表现在软化岩土体、降低岩土体强度、产生动水压力和孔隙水压力、潜蚀岩土体、增大岩土体重度及对透水岩层产生浮托力等方面。其中，对滑面（带）的软化作用和降低强度作用最突出。

3. 赋存环境

河流是地质营力、水蚀、风蚀等各种内、外营力共同作用的结果，河流的发育对斜坡也具有一定的侵蚀能力，可增强河流峡谷两侧坡体不稳定性。

土地利用方式体现了人类活动对自然地貌的干预作用。在一定程度上，人类可以通过一定的方式稳定（如城建用地）或破坏坡体的稳定性（如对旱地、裸地的干扰），因此在地震作用时，人类对土地利用方式的干预对滑坡等次生灾害的发生产生一定的促进或抑制作用。

3.1.2 滑坡空间分布特征

1. 基础数据

滑坡空间分布特征研究所用的数据包括灾害数据集、地形地貌数据集、地质数据集、河网数据集等。数据集的具体描述和来源如表 3-1 所示。

表 3-1 滑坡环境致灾因子数据集

数据集	内容	描述	来源
灾害数据集	滑坡灾害点	滑坡灾害点 15 160 个，包括经纬度信息及滑坡面积	遥感解译
地形地貌数据集	DEM 数据	90m×90m 分辨率，用于生成坡度、坡向等	中国科学院资源环境科学数据中心
	土地利用空间分布数据	1km×1km	中国科学院资源环境科学数据中心
地质数据集	1：50 万地质图	包括地质年代、岩组、岩性等信息，调查时间为 1990～2000 年	中国地质调查局
	断层分布	包括活动断层和不活动断层的分类及断层走向等信息	国家地震局

数据集	内容	描述	来源
地震动参数数据集	汶川地震 PGA	台站数据，含东西、南北及垂直三个方向的台站检测值	国家地震局
河网数据集	河网分布数据	1：50 万河流分布数据	中国科学院资源环境科学数据中心

2. 孕灾环境单因子分析

对各类孕灾环境因子进行分层，分级标准及各层级中的滑坡数量如表 3-2 所示。不同面积（体积）的滑坡体所对应的主要环境致灾因子可能存在一定的差异，因此，依据遥感影像提取的滑坡面积对滑坡进行分类和定义：第 1 类，滑坡面积小于 10 000m² 的小型滑坡，9020 处；第 2 类，滑坡面积在 10 000~100 000m² 的中型滑坡，5632 处；第 3 类，滑坡面积大于 100 000m² 的大型滑坡，508 处。各类滑坡在各环境致灾因子中的分布状况如图 3-1 所示。

表 3-2 环境致灾因子分级标准及滑坡灾害分布状况

环境致灾因子	分级标准	滑坡数量/处	比例/%	环境致灾因子	分级标准	滑坡数量/处	比例/%
DEM /m	<1 000	1 729	11.40	岩性	坚硬岩	3 862	25.48
	1 000~1 500	4 758	31.39		较硬岩	8 076	53.27
	1 500~2 000	3 353	22.12		较软岩	3 207	21.15
	2 000~2 500	2 165	14.28		软岩	13	0.09
	2 500~3 000	1 506	9.93		极软岩	2	0.01
	3 000~3 500	975	6.43	土地利用方式	林地	12 483	82.34
	3 500~4 000	517	3.41		草地	950	6.26
	>4 000	157	1.04		湿地	49	0.32
坡度/(°)	<15	1 408	9.29		水田	13	0.09
	15~25	3 564	23.51		旱地	712	4.70
	25~35	6 142	40.51		城建用地	10	0.07
	35~45	3 467	22.87		稀疏林	92	0.61
	45~60	577	3.81		裸岩裸土	849	5.60
	>60	2	0.01		冰川	2	0.01

续表

环境致灾因子	分级标准	滑坡数量/处	比例/%	环境致灾因子	分级标准	滑坡数量/处	比例/%
坡向	北向	1 864	12.30	到断层的距离/km	<1	1 943	12.82
	东北向	1 741	11.48		1~2	1 647	10.86
	东向	2 071	13.66		2~3	1 493	9.85
	东南向	2 705	17.84		3~4	1 387	9.15
	南向	2 109	13.91		4~5	1 287	8.49
	西南向	1 573	10.38		5~6	1 364	9.00
	西向	1 416	9.34		6~7	1 196	7.89
	西北向	1 681	11.09		7~8	901	5.94
PGA/Gal[①]	<350	294	1.94		8~9	701	4.62
	350~400	795	5.24		9~10	603	3.98
	400~450	3 085	20.35		>10	2 638	17.40
	450~500	3 230	21.31	到河流的距离/km	<0.5	4 407	29.07
	500~550	2 520	16.62		0.5~1.0	3 541	23.36
	550~600	2 231	14.72		1.0~1.5	2 810	18.54
	600~650	1 997	13.17		1.5~2.0	1 942	12.81
	650~700	736	4.85		2.0~2.5	1 223	8.06
	700~750	180	1.19		2.5~3.0	715	4.72
	>750	92	0.61		>3.0	522	3.44

(a)

(b)

(c)

(d)

① 1Gal=1cm/s^2。

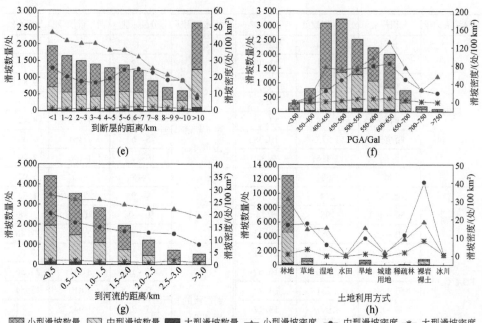

图 3-1　各类滑坡灾害在各环境致灾因子中的分布情况

结果显示，滑坡 DEM 在 4000m 以上的区域高密度发育，大、中、小型滑坡分布密度分别为 757 处/100km²、3446 处/100km²、1742 处/100km²，由于研究区属于高山峡谷地段，滑坡主要属于高位滑坡。滑坡在坡度为 15°～45° 的坡体分布数量较多，所占比例为 86.89%，其中坡度为 25°～35° 的坡体有较高密度的中、小型滑坡发育，且中型滑坡在 60° 以上的陡坡区域也有高密度发育现象。在各个坡向上，滑坡的发育相对均匀，但东南向较其他坡向更容易发育滑坡灾害；分析其原因，除了东南向有更好的水热条件之外，由于地层抬升特点，地层与东南向坡属同向斜坡，因此较易发育滑坡灾害。岩性结果显示，无论是滑坡频次还是滑坡密度，较坚硬岩都是滑坡发育最集中的岩性环境，滑坡数量所占比例为53.27%，小型和中型滑坡的分布密度分别为 739 处/100km² 和 1325 处/100km²。

断层对滑坡的发育具有较大影响，随着到断层的距离逐渐增大，各类滑坡的频次和密度都基本呈逐渐减小趋势，但在到断层距离为 5～8km 的区域，中型滑坡有一个相对易发趋势。对于 PGA 而言，滑坡在 PGA 为 600～700Gal 的环境中有相对较高的分布密度，其中中型、小型滑坡高密度发育的阈值有明显差异，小型滑坡在 PGA 大于 400Gal 后发育较多，中型滑坡在 PGA 大于 500Gal 后分布密度明显增大。本书解译的滑坡体在高 PGA 范围覆盖较少，因此高 PGA 对滑坡的作用存在一定的有偏统计。对于河流而言，河流 1km 以内的区域，滑坡分布相对集中，滑坡数量所占比例达 52.43%；且随到河流的距离增加，滑坡密度逐渐减少，因此，滑坡的发育呈现沿河流发育的特征。对于土地利用方式而言，滑坡在林地的分布数量较高，且小型滑坡在林地有高密度分布。而大型、中型滑坡在裸岩裸土区域的分布密度最高。

总体而言，不同面积的滑坡的分布规律在各环境致灾因子中存在明显的一致性。研究区的滑坡主要为高位滑坡，多分布于较坚硬岩及裸岩裸土区域；滑坡在 15°~45° 坡体及东南向、南向坡发育相对密集；在近断层和河流区域，滑坡分布密度相对较高，且滑坡密度随距离增加而逐渐降低；随着 PGA 值的增加，大型、中型滑坡分布密度增大。

3.2 滑坡型堰塞湖孕灾环境分析

根据堰塞湖的形成过程，山体发生滑坡之后形成堆积物堵塞河道，在堰塞坝体的阻拦作用下，上游水位不断上升形成一个天然库区。由此可见，堰塞湖的形成与地形、固体物源、河流水源等条件相关。崔鹏（2003）研究发现，泥石流堰塞湖的形成主要与泥石流流量、河流流量、泥石流沟与河流的交角、泥石流的物质组成等相关。

3.2.1 堰塞湖的形成条件

1. 地形条件

滑坡、崩塌等是堵塞山区河流形成堰塞湖的主要因素。崩塌、滑坡多发生于地形陡峭区域，其堆积物堵塞河道后，河道两侧山体为堰塞湖的形成提供了天然的挡水屏障。一般而言，堰塞坝的物源来自较为高陡的斜坡，而堰塞坝堵塞的河道、山谷通常也比较窄，所以我国西南深切河谷地区极易形成堰塞湖。斜坡陡缓，对岩土体的稳定性具有直接影响。根据对 30 多个堰塞湖的分析，堰塞湖极易发生在坡度为 30°~45° 的斜坡地带，其次是坡度为 20°~30° 的斜坡地带，滑坡在大于 45° 的斜坡地带发育相对较少，且顺向坡一般较斜向坡、反向坡更发育滑坡。因此，在顺向坡一岸，往往发育更多的堰塞湖。

2. 固体物源条件

堰塞坝体是形成堰塞湖的固体物源条件。堰塞坝体的物质组成、渗透稳定性及抗冲刷能力是堰塞湖能够形成的关键条件。堰塞坝的物质组成非常复杂，主要由风化程度较强的岩土体组成。如果堰塞坝颗粒级配较宽广，自身稳定性较好，并且抗渗透能力较强，则有利于堰塞湖形成。在堰塞湖形成过程中，若上游流量

为 Q_1，下游出流量为 Q_2，当 $Q_1 > Q_2$ 时，堰塞坝上游水位会逐渐上升，形成堰塞湖；当 $Q_1 < Q_2$ 时，则不会形成堰塞湖。滑坡型堰塞湖是最常见的一类堰塞湖，滑坡引起的堰塞坝大约占 40%，堰塞坝的物质组成与滑坡的物质组成有直接的必然联系。一般来说，滑坡的物质组成可以分为三类：①岩石，即岩块、岩体等，颗粒为块体；②土，即黏土、粉土、砂土等，以细粒为主；③碎屑，即土石混合体、粗粒土、岩屑等，颗粒大小介于岩石和土之间，以细颗粒为主，是碎块石和土的混合物。根据汶川地震典型堰塞湖的考察结果，岩性与堰塞湖的形成有密切关系，堰塞湖主要发生在分布灰岩、砂岩、花岗岩、凝灰岩等厚层块状岩的沉积岩区和火成岩区。

3. 水源条件

堰塞湖的形成需要充足的水源，主要包括堰塞坝固体物源产生的水源条件和堵塞成湖的水源条件。震后滑坡型堰塞湖的形成多与地震相关，震前持续降水、同震降水或震后强降水均对滑坡的形成有明显的促进作用，一旦坡体失稳进入河道，便可能堵塞河道形成堰塞湖。堰塞湖成湖的水源主要来自大气降水，其次来自地下水和冰雪融水。降水形成丰富的地表径流，使得堰塞坝体蓄水形成堰塞湖。

3.2.2　堰塞湖空间分布特征

1. 基础数据

堰塞湖空间分布特征研究所用的数据包括灾害数据集、地形地貌数据集、地质数据集、地震动参数数据集及河网数据集。数据集的具体描述和来源如表 3-3 所示。

表 3-3　堰塞湖环境致灾因子数据集

数据集	内容	描述	来源
灾害数据集	堰塞湖灾害点	堰塞湖灾害点 108 个，包含堰塞坝经纬度信息，以及部分堰塞坝体积信息。	文献调研
地形地貌数据集	DEM 数据	90m×90m 分辨率，用于生成坡度、河流纵比降等	中国科学院资源环境科学数据中心
地质数据集	1:50 万地质图	包括地质年代、岩组、岩性等信息。调查时间为 1990~2000 年	中国地质调查局
	断层分布	包括活动断层和不活动断层的分类，及断层走向等信息	国家地震局
地震动参数数据集	汶川地震 PGA	台站数据，含东西、南北及垂直三个方向的台站检测值	国家地震局

数据集	内容	描述	来源
河网数据集	河流纵比降	基于1:50万河流分布数据及DEM数据计算获得	中国科学院资源环境科学数据中心
	河网密度	基于1:50万河流分布数据，通过计算单位面积内河流长度获得	中国科学院资源环境科学数据中心

2. 孕灾环境单因子分析

在河道地段，堰塞湖的形成与固体物源的性质、体积直接相关，同时也受当地地形地貌影响。因此，根据堰塞湖形成的三大基本条件，选取影响物源失稳的边坡坡度、地震触发要素PGA，影响岩土体物源分布的岩性、断层，影响水流速度的河流纵比降，以及影响河道成熟度的河网密度对堰塞湖进行环境致灾单因子分析。

汶川地震形成的堰塞湖多达256处（Cui et al., 2009）。通过收集各方面数据，本书获得了108处堰塞湖的信息。基于ArcGIS空间分析，堰塞湖在各环境致灾因子中的分布状况如图3-2所示。

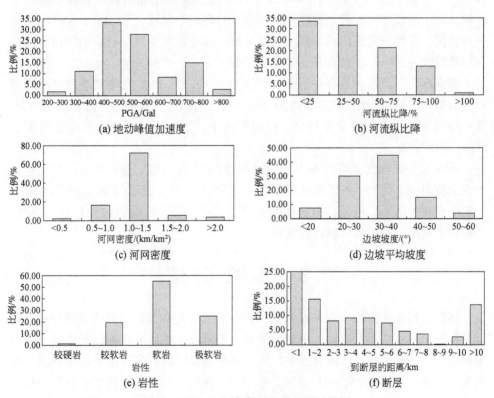

图3-2 研究区堰塞湖环境致灾因子分析

河流纵比降是河流流动方向上每个单元网格的高程的最大变化与单元中心之间的长度的比值。对于研究区而言，堰塞湖主要发育于河流纵比降较低的河段，约33.33%的堰塞湖发育于河流纵比降小于25%的河段；约31.48%的堰塞湖发育于河流纵比降介于25%～50%的河段；约21.33%的堰塞湖发育于河流纵比降介于50%～75%的河段；不足1%的堰塞湖发育于河流纵比降大于100%的河段。

河网密度是流域范围内河网长度与流域面积的比值。本书定义河网密度为单位范围内河网长度与单位面积的比值。区域的河网密度低表示该区域河网发育较少；区域的河网密度高表示该区域河网发育密集，一般为河流汇流处或弯曲发育河段。在研究区范围内，单位范围（1km^2）的河流长度最大值可达2.27km。对于堰塞湖的发育而言，72.22%的堰塞湖发育于河网密度为1.0～1.5km/km^{2}的河段，即有一定弯曲程度的河段更易于形成堰塞湖。河网密度较高的河段，或因弯曲河段外围易被水流冲刷，难以形成稳定的堰塞坝；或因处于汇流河段，河水量较大，且位置较为宽阔，相对较难形成堰塞湖。

对于岩性而言，研究区内的堰塞湖较易形成于软岩区域，比例约99.07%。其中，25.00%、54.63%和19.44%的堰塞湖分别形成于超软岩、软岩和较软岩区域。对于河道边坡而言，通过分析河道左右各两个网格（约500m范围内）的平均坡度，发现研究区内的堰塞湖主要分布于边坡坡度为20°～50°的河段，其中在边坡坡度为30°～40°的河段，堰塞湖的数量最大，比例为44.44%。

研究区内，堰塞湖具有临近断层发育的特点，86.11%的堰塞湖发育于距离断层10km以内的区域，且随着到断层的距离逐渐增加，堰塞湖的数量逐渐减少。这一特征与滑坡近断层发育吻合。在研究区中，25%的堰塞湖发育于距离断层1km以内的区域。

PGA在一定程度上可以体现地震动能量的大小，PGA高的地方，往往容易形成大型滑坡。然而，对于堰塞湖而言，堰塞湖的发育数量与PGA并没有形成一定的正相关关系。可见，堰塞湖的发育除了受地震导致的边坡失稳影响之外，还在很大程度上受地形地质条件影响。

3.3 本章小结

本章运用统计方法分析灾害频次和灾害密度在各孕灾环境中的空间分布，统计分析结果显示，小型滑坡、中型滑坡及大型滑坡在各环境致灾因子中的分布数量存在较为一致的规律：研究区的滑坡主要为高位滑坡，多分布于较坚硬岩及裸岩裸土区域；滑坡在15°～45°坡体及东南向、南向坡发育相对密集；在近断层和河流区域，滑坡分布密度相对较高，且滑坡密度随距离增加而逐渐降低。小型、中型、大型滑坡集中发育的 PGA 范围有所不同。总体而言，滑坡在较高海拔、较坚硬岩区域集中分布，体现出明显的高位岩质滑坡特征。

　　对于堰塞湖而言，堰塞湖的发育受河流纵比降、河网密度、边坡坡度、岩性及断层的影响，并主要集中发育于河流纵比降低于 75%、河道边坡坡度介于 30°~40°、到断层距离在 10km 之内、位于软岩区域的稍弯曲河道上。边坡环境及河道特征对堰塞湖的发育影响较大。

| 第 4 章 | 　地震滑坡危险性识别

地震可引发大规模坡体失稳现象，主要包括两种形式：随地震立即形成的地震瞬发型滑坡；在地震后一定时间内形成的地震滞后型滑坡。坡体失稳是触发地震滑坡的主要原因，因此，第 4 章依据地震–地质灾害链中环境致灾因子的级联关系和因果效应，主要介绍地震触发坡体失稳的机制，并基于相关坡体失稳危险性研究方法，进行区域地震滑坡危险性建模和危险识别。

4.1　地震滑坡失稳机理及模型概述

4.1.1　坡体失稳机理

地震通过地震动作用触发斜坡体滑动，进而促进滑坡的形成。地震对滑坡的作用主要体现在两个方面：①地震力的作用，使斜坡体承受的惯性力发生改变，触发斜坡体滑动；②地震力的作用，造成地表变形和裂缝增加，降低了土石的力学强度指标，引起了地下水位的上升和径流条件的改变，进一步创造了滑坡的形成条件。具体来讲，在强震条件下，斜坡岩体最基本的变形破坏单元为拉裂和剪切滑移，且以拉裂为主。不同的斜坡结构，其底部剪切滑移会沿不同的结构面发生。因此，根据滑源区所处的地质环境条件、坡体结构、岩性组合及滑坡发育特征，汶川地震诱发的大型滑坡可归纳概括为如表 4-1 所示的 5 类成因模式（许强和董秀军，2011）。

表 4-1　汶川地震诱发的大型滑坡的典型成因模式

成因模式	形成条件	基本特征	滑坡实例
拉裂–顺走向滑移型	斜坡岩体由缓–中缓倾坡内的层状岩组成，坡体内发育两组分别与岩层走向和倾向近于平行的陡倾长大结构面，在斜坡走向方向某一侧具有较好的临空条件	强震作用下，斜坡岩体以山体内侧顺倾向坡向陡倾结构面作为内侧边界，追踪顺倾向方向的陡倾结构面产生后缘拉裂面，基于底部层间（内）软弱面，沿岩层走向向临空条件较好的一侧发生滑动	安县大光包滑坡、青川县窝前滑坡

续表

成因模式	形成条件	基本特征	滑坡实例
拉裂–顺层（倾向）滑移型	中–陡倾角的顺层斜坡	在地震强大的惯性力作用下，坡体中、上段岩体沿顺层软弱面（岩层层面、软硬岩接触界面、层内弱面等）产生拉裂变形，使该面大部分内聚力丧失，随后在地震动力的持续作用下沿该拉裂面发生高速顺层滑动	北川羌族自治县唐家山滑坡、平武县郑家山1#滑坡
拉裂–水平滑移型	近水平缓倾坡外的基岩斜坡	在强大的水平地震惯性力作用下，斜坡后缘首先产生陡倾坡外的竖向深大拉裂面，拉裂面外侧的岩体在后续地震动力作用下沿顺层弱面发生整体滑出。滑坡一般出露于斜坡中上部，滑源区下部一般为陡坎，滑体以一定的初速度水平滑出后，往往会越过陡坎作一段距离的临空飞跃，呈现出水平抛射的特点	青川县东河口滑坡、青川县大岩壳滑坡
拉裂–散体滑移型	由灰岩、花岗岩等硬岩构成的斜坡，数组结构面将斜坡岩体切割成大多相互分离的岩块	斜坡浅表层的块状岩体在强烈的地震动力作用下震裂松动，进而在持续的地震动力作用下逐渐解体，直至最后呈散体状整体滑动失稳	北川中学滑坡、青川县石板沟滑坡
拉裂–剪断滑移型	反倾坡内的层状结构斜坡或块状结构斜坡	首先，坡体后缘在地震强大的水平惯性力作用下沿一组陡倾坡外的结构面形成深大拉裂面；然后，深大拉裂缝底端持续的地震动力作用下在产生拉裂和剪切滑移变形，形成切层滑移面；最后，滑体沿此面滑动失稳。该类模式既可产生同震滑坡，也可形成具有一定滞后性的震后滑坡	北川羌族自治县王家岩滑坡、北川羌族自治县陈家坝鼓儿山滑坡、青川县董家滑坡、安县罐滩滑坡

4.1.2 危险性模型概述

地震型滑坡危险性识别主要研究地震促使坡体失稳的风险，研究的主体对象为地震动条件下的斜坡变形。在地震型滑坡危险性评估研究中，要依据研究区的范围及相关资料的详细程度选择适当的滑坡预测方法。如果能获取研究区详细的岩土工程资料，可用滑坡稳定性模型来评价震后坡体稳定性。常用的方法有 Newmark 模型、Taylor 无限斜坡稳定模型、拟静力法等，该类方法在一定程度上考虑了坡体失稳的力学分析。如果研究区的范围较大且滑坡历史资料相对充分，可采用统计模型研究滑坡孕灾因素（如地震动、断层、坡度、岩性等）对滑坡孕发情况的综合影响，该类方法对地质环境与历史灾害地质环境相一致的区域，具有较好的适用性。

1. 层次分析法

层次分析法（analytic hierarchy process，AHP）是将与决策有关的元素分解成目标、准则、方案等层次，并在此基础之上进行定性和定量分析的决策方法。AHP 方法通过专家估计两两影响因子之间的关系构造矩阵，确定各个影响因子的权重，通过一致性检验评价因子比较结果。AHP 方法的具体步骤如下（许树柏，1988）。

1）建立层次结构模型。把问题层次化，即根据问题的性质和需要达到的总目标，将问题分解为不同的基本组成因素，并按照因素间的相互关联影响及隶属关系，将问题按照不同层次聚集组合，形成一个多层次的分析结构模型。

2）构造判断（成对比较）矩阵。根据某一准则，对其下的各因子进行两两对比，并按其重要性程度评定等级。矩阵值为因子与因子之间的重要性比较值。

3）层次单排序及其一致性检验。对应于判断矩阵最大特征根 $\lambda_{\max}$ 的特征向量，经归一化（使向量中各元素之和等于 1）后记为 W。对层次单排序，进行一致性检验，其定义为

$$CI = \frac{\lambda_{\max} - n}{n-1} \tag{4-1}$$

式中，CI 为一致性指标；n 为数据阶数；$\lambda_{\max}$ 为最大特征根。CI = 0，有完全的一致性；CI 接近于 0，有满意的一致性；CI 越大，不一致性越严重。

为衡量 CI 的大小，引入随机一致性指标 RI：

$$RI = \frac{CI_1 + CI_2 + \cdots + CI_n}{n} \tag{4-2}$$

一般情况下，矩阵阶数越大，则出现一致性随机偏离的可能性也越大。

考虑到一致性的偏离可能是随机原因造成的，在检验判断矩阵是否满足一致性时，进一步将 CI 和 RI 进行比较，得出检验系数 CR，公式为

$$CR = \frac{CI}{RI} \tag{4-3}$$

一般，CR<0.1，该判断矩阵通过一致性检验；CR≥0.1，该判断矩阵未通过一致性检验。

4）层次总排序及其一致性检验。计算某一层所有因素对于最高层（总目标）相对重要性的权值，称为层次总排序。这一过程是从最高层到最低层依次进行的。

AHP 方法的优点如下：①体现系统性；②简洁实用；③所需定量数据信息较少。同时 AHP 方法也存在一定的缺点：①不能为决策提供新方案；②定量数据较少，定性成分多，存在一定的主观性；③指标过多时，数据统计量大，且权重难以确定；④特征根和特征向量的精确求法比较复杂。

2. 信息量法

克劳德·香农把信息定义为"随机事件不确定性的减少"，并提出了信息量的概念及信息熵的数学公式。信息量法已被广泛应用于滑坡灾害的空间预测和危险性评价研究。滑坡灾害与地形地质等环境因素密切相关，信息量法的原理是利用滑坡的易滑度影响因素进行类比，即具有类似边坡的地形、地质因素的斜坡具有类似的易滑度。对于滑坡而言，在不同的地质环境中存在一种最佳因素组合。每一种因素对边坡失稳的作用的大小，可用信息量来表示。即

$$I_{A_j \to B} = \ln \frac{P(B/A_j)}{P(B)} \quad (j=1, 2, 3, \cdots, n) \tag{4-4}$$

式中，$I_{A_j \to B}$ 为因素 A 在 j 状态显示事件 B 发生的信息量；$P(B/A_j)$ 为因素 A 在 j 状态下实现事件 B 的概率；$P(B)$ 为事件 B 发生的概率。

在具体的计算中，通常将总体概率改用样本频率进行估算，于是式（4-4）可转化为

$$I_{A_j \to B} = \ln \frac{N_j/N}{S_j/S} = \ln\left(\frac{S\,N_j}{N\,S_j}\right) \quad (j=1, 2, 3, \cdots, n) \tag{4-5}$$

式中，$I_{A_j \to B}$ 为因素 A 在 j 状态显示事件 B 发生的信息量；N_j 为因素 A_j 出现滑坡的单元数；N 为研究区内已知滑坡分布的总数；S_j 为因素 A_j 的单元数；S 为研究区单元总数，其值越大，表明越有利于滑坡的发生。

3. 神经网络模型

神经网络模型以神经元的数学模型为基础，是一个高度非线性动力学系统。该模型由网络拓扑、节点特点和学习规则来表示，具有①并行分布处理；②高度鲁棒性/抗变换性和容错能力；③分布存储及学习能力；④充分逼近复杂的非线性关系等特点。人工神经网络发展最完善、应用最广的为 BP 网络，由输入层、中间层、输出层 3 部分组成。输入层接受外界信息，输出层对输入层信息进行判别和决策，中间层用来表示和存储信息。网络同一层神经元之间不存在相互联系，各层神经元之间为全连接，连接程度用权值表示，权值可以通过学习不断调整。

根据神经网络模型理论，该方法具体包括以下几个步骤：

第 1 步，确定滑坡风险性评估的因子，选择评价函数；

第 2 步，确定学习评价的神经网络结构参数（输入层、中间层、输出层的神

经元个数）；

第 3 步，为网络的连接权系数和神经元阈值赋初值；

第 4 步，输入样本的评价矩阵和期望输出；

第 5 步，计算各样本隐含层和输出层各单元的实际输出值及方差；

第 6 步，若方差小于给定的收敛值，则结束学习，否则做进一步计算；

第 7 步，修改权重值，转到第 5 步；

第 8 步，用训练好的网络，输入要识别的样本的评价因子，即可得到滑坡风险评价的输出结果。

4. Logistic 回归模型

Logistic 回归模型是对二分类因变量进行回归分析时常用的统计分析模型，对分类因变量和分类自变量（连续自变量或者混合变量）进行回归建模，对回归模型和回归参数进行检验，以事件发生概率的形式提供结果。

Logistic 回归模型是一种非线性模型，普遍采用参数估计方法（如极大似然估计法）通过迭代计算完成求解，不借助计算机几乎无法完成求解。在 Logistic 回归模型中，滑坡发生的概率可表示为

$$P = \frac{e^{\beta_0+\beta_1 x_1+\cdots+\beta_n x_n}}{1+e^{\beta_0+\beta_1 x_1+\cdots+\beta_n x_n}} \tag{4-6}$$

式中，P 为出现滑坡的概率；x_1，x_2，$\cdots$，x_n 为影响结果的 n 个因素；β_1，β_2，$\cdots$，β_n 为常数，也称为 Logistic 回归系数。根据 P，可以划分灾害发生可能性的等级。

5. 贡献权重区划模型

贡献权重区划模型是对滑坡易发性评价因子在滑坡发育中的贡献率进行统计后，通过贡献率均值化、归一化处理，利用权重转换模型计算出每一个因子内部的权重——自权重 w，以及因子相互之间的权重——互权重 w' 的方法（乔建平，2006；乔建平，2004）。将滑坡因子贡献率、自权重、互权重分别相乘叠加计算，从而确定区域滑坡灾害的不同易发程度。该方法可以反映因子内部及各因子之间对滑坡发育的不同作用的大小，解释滑坡区域分布规律，避免主观因素干扰。该模型对基础资料的可靠性和精度要求较高，评价因子对滑坡发育的作用可以得到充分的解析评价，可得到区划因子的多重指标权重，定量化程度较高。

$$Y = \sum U'_{oi} \cdot w_i \cdot w'_i \quad (i = 1, \cdots, n) \tag{4-7}$$

式中，Y 为滑坡易发性程度；U'_{oi} 为评价样本贡献率；w_i 为本底因子自权重；w'_i 为本底因子互权重。

6. Newmark 模型

1965 年，Newmark 提出用有限滑动位移替代安全系数法的思路，并据此提出计算滑动位移的方法——Newmark 模型。该模型是一种简便预测地震作用下滑坡

位移量的方法，其中滑坡的稳定性通过临界加速度来判断，而临界加速度与岩土的特性、孔隙压力、边坡等地貌地质条件相关。Newmark 模型认为，当滑坡位移量达到某个临界值后，边坡可能失稳；滑坡永久位移量越大，滑坡发生的概率越大。具体的模型介绍及发展见 1.3.1 节。

7. 拟静力法

拟静力法也称为等效荷载法，即通过反应谱理论将地震对建筑物的作用以等效荷载表示，然后根据这一等效荷载用静力分析的方法对结构进行内力和位移计算，以验算结构物的抗震承载力和变形。拟静力法是一种用静力学方法近似解决动力学问题的简易方法，其发展较早，迄今仍然被广泛使用。拟静力法的基本思想是在静力计算的基础上，将地震作用简化为一个惯性力系附加在研究对象上。

该方法能在有限程度上反映荷载的动力特性，优点较为突出，物理概念清晰，与全面考虑结构物动力相互作用的分析方法相比，计算方法较为简单，计算工作量很小，参数易于确定，并积累了丰富的使用经验，易于被设计工程师接受。但是，拟静力法不能反映结构物之间的动力耦合关系。它具有严格限定的使用范围：不能用于地震时土体刚度有明显降低或者产生液化的场合，而且只适用于设计加速度较小、动力相互作用不甚突出的抗震结构设计。

为克服上述缺陷，一些学者发展了考虑土体-结构物动力相互作用的分析方法，如子结构法、有限元法、杂交法等。

4.2　地震–滑坡灾害链危险性识别方法

4.2.1　评估模型建立

为更好地识别地震对滑坡发育的影响作用，本书采用基于综合力学及统计方法的 Newmark 模型进行地震滑坡危险性识别。Newmark（1965）提出的基于有限滑动位移的模型通过计算滑体在地震动加速度作用过程中累积的永久位移来评价斜坡的稳定性。假设滑体内部不产生形变，当受到的外力作用小于临界加速度时，坡体不产生永久位移；当受到的外力作用大于临界加速度时，坡体会产生有限位移（Newmark，1965；Jibson，1993；Jibson，2007）。当滑坡位移量达到某个临界值后，边坡可能失稳。临界加速度可以使用以下公式计算（Newmark，1965；Jibson，1993）：

$$a_c = (F_S - 1) g\sin\alpha \tag{4-8}$$

式中，a_c 为临界加速度；α 为坡度；g 为重力加速度；F_S 为安全系数。

　　安全系数为坡体稳定性参数，根据滑坡力学稳定性原理（图4-1），其考虑了重力、摩擦力、内聚力和渗流力等坡体受力情况。简单来说，安全系数为岩土阻滑力和下滑力的比值。当 F_s 大于 1 时，阻滑力大于下滑力，坡体处于稳定状态，具体表达式为（Jibson et al., 2000）

$$F_s = \frac{N' \cdot \tan\varphi + c' - F'}{G \cdot \sin\alpha} = \frac{c'}{\gamma d \cdot \sin\alpha} + \frac{\tan\varphi}{\tan\alpha} - \frac{m\gamma_w \cdot \tan\varphi}{\gamma \cdot \tan\alpha} \tag{4-9}$$

$$N' = G \cdot \cos\alpha = \gamma d \cdot \cos\alpha \tag{4-10}$$

$$F' = \gamma_w dm \cdot \cos\alpha \cdot \tan\varphi \tag{4-11}$$

式中，F_s 为安全系数；N' 为正向压力；F' 为渗流力；G 为单位岩土重力；c' 为有效内聚力；φ 为摩擦角；γ 为重度；γ_w 为水的重度；d 为滑动平面的正常厚度；m 为破坏面的饱和度。在本书中，不考虑地下水渗流影响，即在完全干燥的条件下，采用无限斜率模型计算安全系数。

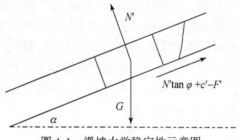

图 4-1　滑坡力学稳定性示意图

　　一般而言，I_a 是量化地震震动对地面破坏影响的一个参数，可以测量加速度过程，而不仅仅是峰值，从而能够表征比 PGA 更完整的振动能量。但在实践中，由于缺乏地震台站和强震记录，I_a 在区域地震滑坡风险评估中的适用性有所限制。为此，许多学者研究了地面运动参数（包括 PGA，Arias 强度和地震强度）与累积位移之间的关系，并建立了各种经验回归模型（表1-2）。本书通过比较 Jibson（2007）基于全球 30 个地震的 2270 个强震动记录集合的数据提出的回归模型（式4-12）与 Ambraseys 和 Menu（1988）提出的回归方程（式4-13）在汶川地震中对滑动位移值的估算结果发现，Ambraseys 和 Menu（1988）提出的回归方程的模拟结果与研究区调查情况较接近。因此，本书采用基于 Ambraseys 和 Menu 方法（式4-13）的 Newmark 模型进行滑坡危险性分析。

$$\lg D_n = 0.215 + \lg\left[\left(1 - \frac{a_c}{a_{max}}\right)^{2.341}\left(\frac{a_c}{a_{max}}\right)^{-1.438}\right] \pm 0.51 \tag{4-12}$$

$$\lg D_n = 0.9 + \lg\left[\left(1 - \frac{a_c}{a_{max}}\right)^{2.53}\left(\frac{a_c}{a_{max}}\right)^{-1.09}\right] \tag{4-13}$$

式中，a_{max} 为地面峰值加速度；a_c 为临界加速度；D_n 为永久位移。式（4-12）和式（4-13）表明，当 a_c/a_{max} 大于 1 时，D_n 将是一个无效值。

预测的永久位移不能用于测量斜坡运动，但与滑坡发生的不同概率有关（Jibson et al.，2000）。Jibson 等（2000）通过比较 1994 年美国北岭大地震诱发的滑坡分布和预测的永久位移，得到了预测滑坡概率的函数。本书使用式（4-14）表示地震滑坡概率（P_f）：

$$P_f = 0.272 \times \left[\ (1-\exp\ (0.13\ D_n^{0.908})\ ) \right] \tag{4-14}$$

式中，P_f 为地震滑坡概率；D_n 为永久位移。

Newmark 模型的具体框架如图 4-2 所示。

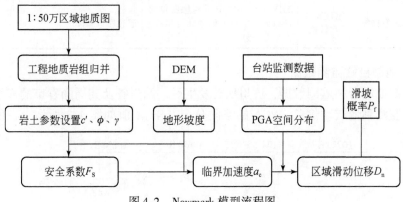

图 4-2　Newmark 模型流程图

4.2.2　评估基础数据

1. 基础数据概况

根据 Newmark 模型的理论，地震滑坡危险性评估涉及的基础数据包括地质数据集、地形地貌数据集、地震动参数数据集三部分。其中，地形地貌数据集主要为坡度数据，该项数据来源于中国科学院资源环境科学数据中心，原数据为 90m×90m 栅格形式的 DEM 数据，通过 ArcGIS 进行空间分析形成研究区坡度栅格数据。地质数据集来源于中国地质调查局绘制的 1∶50 万地质图，数据包括 1990~2000 年调查的地层地质年代、岩组、岩性等空间矢量信息，经工程岩组分类和 GIS 空间分析，进一步形成模型岩土参数的基底类别空间数据。地震动参数数据集为各地震台站监测的汶川地震的 PGA 数据，数据包含东西、南北及垂直三个方向 PGA 值，通过空间插值方式形成区域空间 PGA 分布数据。本书在基础数据的基础上，加入危险性验证环节，使用 2018 年 6 月 13 日的遥感影像解译的滑坡数据对评估结果进行验证，该项数据包括滑坡的经纬度坐标及面积等信息。各数据集的具体描述和来源如表4-2所示。

表4-2 地震–滑坡级联关系模拟数据集

数据集	内容	描述	来源
地形地貌数据集	DEM数据	90m×90m分辨率	中国科学院资源环境科学数据中心
地质数据集	1:50万地质图	包括地层地质年代、岩组、岩性等空间矢量信息，调查时间为1990~2000年	中国地质调查局
地震动参数数据集	汶川地震PGA数据	地震台站监测数据，含东西、南北及垂直三个方向的PGA值	中国地震局
历史滑坡数据集	滑坡灾害点数据	2018年6月13日的遥感影像解译数据，含滑坡的经纬度坐标、面积等信息	遥感影像解译

2. 地震台站监测数据

根据地震台站监测数据，汶川地震发生后，四川省及其周围省市的多个地震台站均监测到地震动信息，PGA的空间分布及PGA值如图4-3所示。在研究区

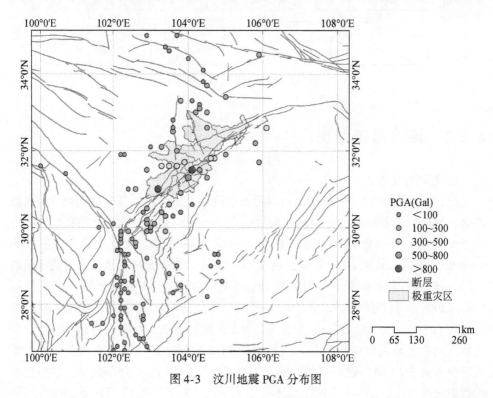

图4-3 汶川地震PGA分布图

范围内，地震台站监测到的 PGA 均在 100Gal 以上，11 个台站的 PGA 大于 300Gal，详细台站监测信息如表4-3 所示。其中，汶川卧龙站和绵竹清平站两个台站的 PGA 超过 800Gal；汶川卧龙站监测到的 PGA 最大，南北、东西、垂直三个方向的 PGA 分别为 652.85 Gal、957.70Gal、948.10 Gal；绵竹清平站监测到的 PGA 在南北、东西、垂直三个方向分别为 802.71 Gal、824.12Gal、622.91Gal。什那八角站、江油含增站和江油地震台三个台站监测到的 PGA 在个别方向大于 500Gal。广元曾家站、茂县南新站、理县桃坪站和理县木卡站四个台站监测到的 PGA 则介于 300~500Gal。

表4-3 PGA 大于 300Gal 的台站信息

台站	经度	纬度	南北向_PGA/Gal	东西向_PGA/Gal	垂直向_PGA/Gal
汶川卧龙站	103.2°E	31°N	652.85	957.70	948.10
绵竹清平站	104.1°E	31.5°N	802.71	824.12	622.91
什邡八角站	104°E	31.3°N	581.59	556.17	633.09
江油含增站	104.6°E	31.8°N	350.14	519.49	444.33
江油地震站	104.7°E	31.8°N	458.68	511.33	198.28
广元曾家站	106.1°E	32.6°N	410.48	424.48	183.34
茂县南新站	103.7°E	31.6°N	349.24	421.28	352.48
理县桃坪站	103.5°E	31.6°N	342.38	339.73	379.58
理县木卡站	103.3°E	31.6°N	283.84	320.94	357.81
广元石井站	105.8°E	32.2°N	273.97	320.49	143.70
茂县地办站	103.9°E	31.7°N	302.16	306.57	266.64

3. 滑坡灾害点分布

本书收集的历史滑坡灾害数据主要为汶川地震后 2008 年 6 月 13 日遥感影像解译的数据，涵盖南至汶川北至绵竹的震中附近区域，解译获得的滑坡灾害点一共 15 160 个，其地理位置区域主要为汶川卧龙站到江油地震台的广大区域，滑坡的具体分布如图 4-4 所示。经统计，解译获得的滑坡灾害点中，面积小于 1000m² 的滑坡有 477 个，面积为 1000~10 000m² 的滑坡有 8543 个，面积为 10 000~100 000m² 的滑坡有 5632 个，面积为 100 000~1 000 000m² 的滑坡有 505 个，面积大于 1 000 000m² 的滑坡有 3 个。其中，面积最大的 3 个滑坡的面积分别为 7 219 100m²（31.643 3° N，104.118° E）、3 009 490m²（31.5522° N，104.139°E）、1 439 270m²（31.035°N，103.38°E）。

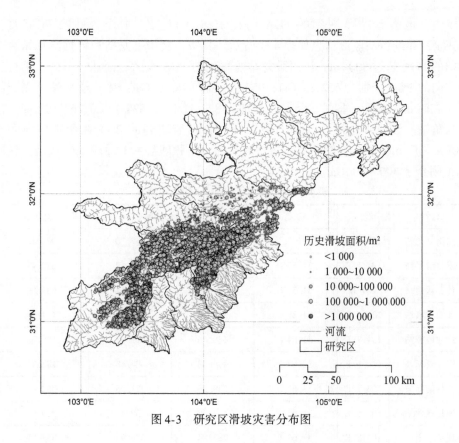

图 4-3　研究区滑坡灾害分布图

4.3　Newmark 模型参数率定

4.3.1　岩土工程分类

　　岩土性质是影响坡体稳定的关键要素，不同岩组的内聚力、内摩擦角、重度等参数各异。硬质岩斜坡失稳所需的地震能量比较高，坡体相对稳定；而土质斜坡或软岩斜坡稳定性较差，极易发生滑坡。岩土性质及其参数的取值和空间化差异对中国地震滑坡危险性评估结果的精准度影响较高。因此，依据 1∶50 万地质图的岩性数据进行分析，并依据其对滑坡易发性的贡献的强弱程度对岩土进行分类。根据《岩土工程勘察规范》（GB 500021—2001），岩石坚硬程度等级定性分类一般分为坚硬岩、较硬岩、较软岩、软岩、极软岩五类，其具体定性鉴定和代表性岩石如表 4-4 所示。

表4-4 岩石坚硬程度等级的定性分类

坚硬程度等级		定性鉴定	代表性岩石
硬质岩	坚硬岩	锤击声清脆，有回弹，震手，难击碎，基本无吸水反应	未风化—微风化的花岗岩、闪长岩、辉绿岩、玄武岩、安山岩、片麻岩、石英岩、石英砂岩、硅质砾岩、硅质石灰岩等
	较硬岩	锤击声较清脆，有轻微回弹，稍震手，较难击碎，有轻微吸水反应	①微风化的坚硬岩；②未风化—微风化的大理岩、板岩、石灰岩、白云岩、钙质砂岩等
软质岩	较软岩	锤击声不清脆，无回弹，较易击碎，浸水后指甲可刻出印痕	①中等风化—强风化的坚硬岩或较硬岩；②未风化—微风化的凝灰岩、千枚岩、泥灰岩、砂质泥岩等
	软岩	锤击声哑，无回弹，有凹痕，易击碎，浸水后手可掰开	①强风化的坚硬岩或较硬岩；②中等风化—强风化的较软岩；③未风化—微风化的页岩、泥岩、泥质砂岩等
极软岩		锤击声哑，无回弹，有较深凹痕，手可捏碎，浸水后可捏成团	①全风化的各种岩石；②各种半成岩

注：《岩土工程勘察规范》（GB 500021—2001）

本书总体依据《岩土工程勘察规范》，按照岩石性质将岩土分为极软岩类、软岩类、较软岩类、较坚硬岩类、坚硬岩类共五大类；并在分类的过程中基于岩土普氏分类目录，根据岩石性质将岩土具体分为 12 个等级（表4-5）。针对地质斑块属性涉及多个岩性类别的，在岩土分类的过程中，均按照岩土软弱面的岩石性质进行分组归类。

表4-5 全国地质岩土分类分级标准

岩土分类	等级	代表性岩类
极软岩类	I	泥、砂、粉砂、泥炭、淤泥、砂土、腐殖土、冲积扇沉积、河流阶地沉积、河漫滩沉积等
	II	黄土、土层、盐碱土、黏土等
	III	角砾、砾石层、人工填土、砂砾石、碎石、土砾石等
	IV	冰川、雪被
软岩类	V	胶结砂质层、芒硝、煤层、石膏等
	VI	泥岩、黏土岩

岩土分类	等级	代表性岩类
较软岩类	VII	泥灰岩、泥板岩、凝灰岩、泥砾岩、泥晶灰岩、泥粉晶灰岩、泥质岩、微变质泥岩、黏土岩等
	VIII	粉砂岩、页岩、千枚岩、泥质砾岩、黏土质白云岩、铁铝矿等
较硬岩类	IX	板岩、石灰岩、碎屑岩、砂岩、砾岩、片岩等
	X	白云岩、坚固的石灰岩、大理岩、变质灰岩、变质凝灰岩、角砾凝灰岩等
坚硬岩类	XI	片麻岩、粗安岩、流纹岩、蛇纹岩、硅质岩、凝灰熔岩、火山碎屑岩、变质杂岩等
	XII	安山岩、橄榄岩、花岗岩、辉长岩、角闪岩、麻粒岩、石英岩、玄武岩、英安岩、斜长岩、正长岩、闪长岩、变粒岩、超基性岩、火山岩、各类玢岩、斑岩等

4.3.2 模型参数率定

内聚力、摩擦角、重度、水饱和度、岩土埋深是 Newmark 模型的 5 个重要岩性参数。本书假设滑动面是干燥滑面，因此暂时不考虑水饱和度的影响。对于各个参数而言，不同地区各类参数值的大小会存在些许差异，但基本介于一定范围。因此，本书中的内聚力、摩擦角、重度参数调整根据各类工程地质岩体参考标准（考虑地表的强风化作用），以及相关学者的实验结果，在工程地质岩体的参考取值范围内，进行参数率定及模拟验证；依据坡度大小对岩土埋深进行赋值（表 4-6），将坡度分为 <30°、30°~45°、40°~60° 及 >60° 四个等级，并将各等级对应的岩土埋深分别设置为 5m、4m、3m 及 2m。在模型参数调整与率定过程中，其衡定标准为安全系数 F_s（小于 1 或大于 3 的异常值相对较少）、临界加速度 a_c 等过程参数均介于合理的范围，且永久位移 D_n 的变化范围需要与实际的地震动位移调查相吻合。通过参数率定，研究区各参数的最终取值如表 4-7 所示。

表 4-6 岩土厚度参数

坡度/ (°)	岩土埋深/m
<30	5
30~45	4

续表

坡度/ (°)	岩土埋深/m
45 ~ 60	3
>60	2

表 4-7 岩性物理参数

岩性	内聚力/kPa	摩擦角/ (°)	重度/ (kN/m³)
坚硬岩	29	22	25
较坚硬岩	25	19	22
较软岩	20	17	20
软岩	16	15	18
极软岩	11	13	17

4.4 地震滑坡成灾危险性评估与验证

4.4.1 地震滑坡危险性评估

运用 Newmark 模型对研究区的地震滑坡危险性进行评估，结果显示研究区内汶川地震后的永久位移（D_n）介于 0 ~ 1000.41cm。模拟所得的永久位移与周庆等（2008）对汶川地震地表破裂带宽度调查结果和刘静（2010）对汶川地震映秀—北川地表破裂带位移特征的研究结果基本一致；其实地调查结果显示，研究区内地表破裂的水平永久位移或垂直永久位移多小于 6.5m，但若考虑逆断层作用产生的"地壳缩短"作用，研究区内的永久位移应该在 8 ~ 10m。

当永久位移为 7.3 ~ 9.7cm 时，滑坡的危险性等级达到 6 级（危险概率为最大危险概率 0.272 的 60% 界线）易发标准；当永久位移大于 121.8cm 时，滑坡的危险概率达到最大值（0.272），极易发生滑坡灾害。研究区范围内滑坡的最大危险性概率（0.272）的覆盖范围为 3382.71km²，占研究区总面积的 9.43%（表 4-8）。

表 4-8 研究区地震滑坡危险性统计

危险性等级	危险性概率临界值/P_f	永久位移临界值 D_n/cm	覆盖范围/km²	面积比例/%
10 级	0.272 0	121.8	3 382.71	9.43

续表

危险性等级	危险性概率临界值/P_f	永久位移临界值 D_n/cm	覆盖范围/km²	面积比例/%
9 级	0.244 8	18.8	2 320.90	6.47
8 级	0.217 6	13.0	837.01	2.33
7 级	0.190 4	9.7	767.24	2.14
6 级	0.163 2	7.3	787.19	2.19
6 级以下	0	0	27 778.51	77.44

注：危险性等级依据滑坡发生概率归一化后等距离划定，一共划分为十级

在区域范围上，地震滑坡危险性较高的区域主要分布在近震中的山区地区，远离震中及四川盆地的地区滑坡危险性较小；在行政区域范围上，高危险区主要分布于汶川全境，以及都江堰、彭州、什邡和锦州西部山区，其他县（市）危险性较小（图4-5）。

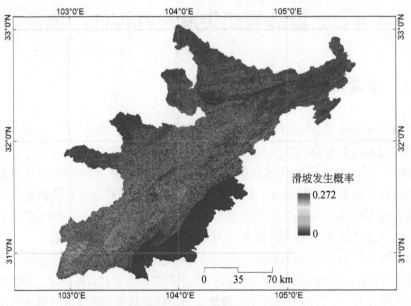

图 4-5　研究区地震滑坡危险性概率分布图

4.4.2　危险性评估模型验证

为确定模型参数及过程的准确性和有效性，本书利用遥感解译的震后灾害点

数据对滑坡危险性分布进行验证。面积大于 10 000m² 的滑坡点实际对应的单元格网（100m×100m）有多个，难以分辨滑坡边界具体位置，也无法判断滑坡边界裂缝和最大势能致使的滑动方向，因此本书使用提取滑坡中心点周围 3×3、5×5等多个网格最大值的方法对面积大于 10 000m² 的滑坡进行验证。滑坡面积分类与网格选取范围的对应方式如表 4-9 和图 4-6 所示。对于面积小于 10 000m² 的滑坡，研究取对应网格的 P_f 为滑坡对应的发生概率值；对于面积在 10 000 ～90 000m² 的滑坡，取滑坡中心点周围 3×3 个网格的最大 P_f 为滑坡对应的发生概率值；对于面积在 90 000 ～250 000m² 的滑坡，取滑坡中心点周围 5×5 个网格的最大 P_f 为滑坡对应的发生概率值；对于面积在 250 000 ～490 000m² 的滑坡，取滑坡中心点周围 7×7 个网格的最大 P_f 为滑坡对应的发生概率值；对于面积大于490 000m² 的滑坡，取滑坡中心点周围 9×9 个网格的最大 P_f 为滑坡对应的发生概率值。具体的提取算法利用 MATLAB 编程实现。

表 4-9　滑坡面积分类及其网格数范围选取对照

滑坡面积/m²	面向网格数/个	滑坡面积/m²	面向网格数/个
<10 000	1	160 000 ～250 000	5×5
10 000 ～40 000	3×3	250 000 ～360 000	7×7
40 000 ～90 000	3×3	360 000 ～490 000	7×7
90 000 ～160 000	5×5	>490 000	9×9

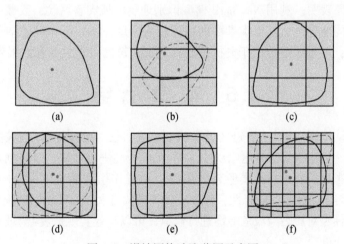

(a)　　　　　(b)　　　　　(c)

(d)　　　　　(e)　　　　　(f)

图 4-6　滑坡网格选取范围示意图

实线及虚线分别表示中心点相同但外边界不同的滑坡平面

　　小型滑坡的中心位置特别相近，因此在转为格点的过程中，中心点位置属于同一网格的滑坡点将只保留一个滑坡值。因此，在遥感解译的 15 160 个滑坡点中，15 061 个滑坡点的数据（其中面积大于 10 000m² 的滑坡为 6140 个）参与模拟验证。在模拟验证过程中，主要验证历史滑坡数与 6 级及以上危险性等级的吻合度。

验证结果显示，对所有滑坡而言，63.20% 的滑坡的危险性等级位于 6 级及以上，其中 42.74% 的滑坡的危险性等级位于 9 级以上，7.48%、6.86%、6.12% 的滑坡的危险性等级分别位于 8~9 级、7~8 级、6~7 级（表 4-10）。对于面积大于 10 000m² 的中型以上滑坡而言，87.75% 的滑坡的危险性等级位于 6 级及以上，其中 67.17% 的滑坡的危险性等级位于 9 级以上，8.84%、6.53%、5.21% 的滑坡的危险性等级分别位于 8~9 级、7~8 级、6~7 级。

表 4-10　滑坡危险性验证统计

危险性等级	滑坡数量/个	比例/%	面积大于 10 000m² 的中型以上滑坡数量/个	比例/%
9 级以上	6437	42.74	4124	67.17
8~9 级	1126	7.48	543	8.84
7~8 级	1033	6.86	401	6.53
6~7 级	922	6.12	320	5.21
6 级及以上汇总	9518	63.20	5388	87.75

验证结果表明，利用 Newmark 模型识别地震滑坡灾害风险，其概率危险性模拟具有良好的准确性；其各类参数的取值较为合理，参数组和验证结果在研究区适应性较好；该方法适合用于分析地震滑坡灾害链的级联关系和因果效应。

4.5　本章小结

第 4 章从地震-滑坡灾害链的诱发机制出发，通过分析地震-滑坡灾害链之间的级联关系，运用 Newmark 模型对地震滑坡危险性进行评估，以识别地震对坡体失稳的链式影响。Newmark 模型充分体现了地震作用致使边坡失稳的力学机制，且反映了地震动参数、地层岩性、地形地貌等参数与永久位移之间的统计关系。运用 Newmark 模型对震后滑坡危险性进行模拟，可以有效实现地震-滑坡危险性的量化级联效应分析。

研究区研究结果显示，受地震能量的影响，研究区内坡体的位移最大时可达到 1000.41cm；滑坡危险概率值为 0~0.272，其中危险概率值为 0.272 的危险坡体面积所占比例为 9.43%。从行政区域范围来看，高危险区主要位于汶川全境，以及都江堰、彭州、什邡和锦州西部山区；其他县（市、区）危险性较小。

讨　论

　　永久位移是坡体失稳的一个重要因素，根据 Jibson（1993）对坡体失稳调查研究结果，永久位移达到 10cm 以上时，坡体容易发生滑坡。通过对汶川地震后遥感影像解译的滑坡进行分析，结果显示有 82.54% 的大型滑坡，57.08% 的综合类型滑坡均分布于模拟所得的永久位移在 9.7cm 以上（对应滑坡危险性等级为 7 级及以上）的区域。模拟结果与显示结果存在较好的一致性。

　　由于第 4 章研究中的地震动参数 PGA 数据来自汶川地震的台站监测数据，空间插值无法很好地体现北川地区的地震能量释放，因此模拟结果可能低估北川、青川等地区的坡体失稳的危险性。本章通过选择汶川地震南部影响范围的遥感影像数据来做验证，有效规避了低估地区的验证误差，保证了对研究方法、公式及参数设置的合理验证，但北川、青川地区危险性低估结果会对后续的滑坡及堰塞湖风险预测存在一定影响，其次生灾害危险性和风险预估都会存在继发的偏低估计。

第 5 章　滑坡–危险河段成险过程分析

坡体变形失稳后经运动堵塞河道是震后滑坡堵江形成堰塞湖的必要环节。针对震后坡体失稳形成的滑坡物源区，第 5 章主要基于滑坡运动机理，依据滑坡运动过程，运用 RockFall Analyst 模型对区域危险坡体进行了运动过程轨迹模拟，并结合永久位移与滑坡体量的拟合关系，进一步对入河堵江的土方量进行了估算，以实现对滑坡运动–危险河段（堰塞湖）的风险识别。

5.1　滑坡运动机理及过程分析

滑坡运动通常用 runout 代称，滑坡运动是对滑坡迁移、产出特征的简称，包括岩土滑动或运动特征（速度、能量）、堆积体空间分布特征及其伴生或次生灾害等。滑坡运动建模涉及的基本问题包括滑坡能够滑多远、危及多大范围、潜在堆积区的堆积厚度等；深入问题包括滑坡的速度有多快、是否有伴生或次生灾害形成。一般来说，滑坡运动机理分析的关键在于针对具体的区域结合典型的滑坡事件和滑坡诱发因素开展 runout 分析和建模，涉及的主要内容包括滑坡破坏方式、滑坡滑移距离、滑坡运动学过程及滑坡链生灾害效应等。

5.1.1　滑坡破坏方式

分析滑坡破坏方式的基本问题是"滑坡的基本特征是什么"，即潜在滑坡可能的破坏方式、滑动的速度与位移等特征等。例如，有些滑坡具有长期的间歇性和持续性缓慢变形的特征；有些滑坡具有突然加剧变形的特征，即在缓慢变形后，突然加载某些作用力（如地震力），导致坡体急剧变形快速运动，从而形成灾难性高速滑坡。因此，滑坡破坏方式分析的重要内容是如何确定一个已知的潜在滑坡（滑坡隐患点）是否可以形成高速滑坡。当前相关研究方法主要有基于滑坡类型学和基础地质环境条件、诱发条件的工程地质类比法和基于极限平衡及应力应变分析的数值方法。

5.1.2　滑坡滑移距离

滑坡的滑移距离分析一般建立在综合观测数据、滑坡特征、滑坡轨迹等要素分析的基础上。滑坡滑移距离的典型分析方法有地貌法、几何法等。

1. 地貌法

野外现场调查、遥感解译、DEM 数据分析是地貌法确定滑坡滑移距离的主要手段。地貌法主要包括 3 个方面：①根据已发生滑坡的最大位移，确定潜在滑坡的最大位移信息；②通过调查已发生滑坡堆积体，确定最外层堆积体，确定滑坡滑移能达到的最大距离信息；③通过潜在滑坡所处的地貌位置，尤其是滑坡前缘的开阔程度，确定滑坡最大滑移距离的远近。滑坡潜在滑动的地形起伏程度与坡度在很大程度上影响滑坡的滑移距离，地形起伏程度越大，滑移距离越小；坡度越大，滑移距离越大。地貌法是基于历史资料的分析，由于坡体几何形状和环境因素一直在变迁，需谨慎使用。

2. 几何法

关于滑移距离的几何法，国际上有不少基于大量滑坡编目数据的统计分析，并获得了不同的经验公式；常用的一类基于滑坡垂直高度、延伸角展开（图 5-1）。其中，延伸角为连接滑坡后壁最高点和倒石堆滑坡堆积体最远端的连线与水平面的夹角，用垂直落差和水平滑移距离的比值表示。当已知滑坡的初始滑面和可能的滑体体积，滑移距离可以从以下公式中得到：

$$L = \frac{H}{\tan\alpha} \tag{5-1}$$

实际上，对一个已给出的滑坡源，滑坡垂直高度有时并不是事先就知道，除了滑面，在许多案例子中，可以通过假定延伸角，用图解法来解答问题。从滑坡源点引一条直线，与地面相交，从而得出 H 和 L。然而给出一个合理的延伸角这个工作并不容易实现。

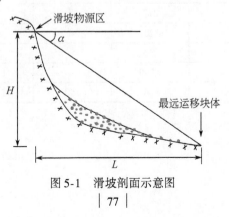

图 5-1　滑坡剖面示意图

汶川地震典型滑坡的体积（V）、深度（H）、最大垂直高度（H_{max}）、最大滑移距离（L_{max}）如表 5-1 所示。

表 5-1 汶川地震典型滑坡信息（乔建平，2014）

滑坡名称	$V/10^4 \, m^3$	H/m	H_{max}/m	L_{max}/m
映秀牛圈沟	750	170	3 300	950
北川城西滑坡	700	350	720	380
青川东河口滑坡	1 000	250	2 400	700
安县大光包滑坡	75 000	1 300	5 300	1 000
北川中学滑坡	240	300	680	350
北川陈家坝鼓儿山 I	800	265	800	330
北川陈家坝鼓儿山 II	700	275	680	320
北川陈家坝凤凰山	300	400	1 180	485
北川陈家坝太红村	150	550	1 200	600
平武斩龙垭	118	290	780	400
北川唐家山滑坡	2 000	450	1 200	650
平武大嘴山滑坡	350	400	900	550
安县肖家桥滑坡	350	100	360	140
绵竹一把刀滑坡	150	320	900	400
绵竹天池乡滑坡	800	320	800	400
水井坪滑坡	1 200	320	850	400
平武南坝滑坡	600	320	950	400
南江石板沟滑坡	815	240	800	300
绵竹文家沟滑坡	10 000	800	3 800	1 000
安县老鹰岩滑坡	470	400	2 000	500
北川帽壳子滑坡	270	250	625	355
松树林滑坡	360	200	470	311
青川何家沟滑坡	20	/	300	200
平武魏坝滑坡	297	/	550	345
文家山滑坡	1 200	/	580	150
茂县维城后山滑坡	150	/	360	260
青川马公窝铅滑坡	1 200	/	1 960	560
彭州谢家店子滑坡	450	150	1 300	570

5.1.3 滑坡运动学过程

滑坡运动学过程分析以牛顿运动定律为基础，结合岩土体受力分析，针对滑坡体运动规律开展。滑坡运动过程理论主要有三种（季宪军，2013），分别为块体理论、散粒体理论和流体理论。

块体理论，目前发展相对成熟，主要研究滑坡块体之间的应力关系，结合牛顿第二定律，给出滑坡块体的运动状态，是滑坡运动学的基本理论。块体理论模型主要包括不可变形块体模型和可变形块体模型两类。不可变形块体模型把滑块看作若干不可变形的刚体，分析滑坡块体之间的应力，并依据牛顿第二定律计算出滑体的运动规律（潘家铮，1980）。可变形块体模型应用于解决块体之间的形变问题，它将运动过程看成可连续块体的碰撞过程（廖小平等，1993；Xie et al.，2003），通过求解可变形块体的碰撞问题，获取滑坡体的运动规律。可变形块体模型可以解决块体相互作用中大变形、不连续的问题，但对于类似流动的过程无法解决。

散粒体理论把连续可变的块体运动过程进行细致剖分，以解决复杂土体的形变问题。散粒体理论假定土壤或岩体颗粒各部分相对位置保持不变（即没有形变），结合本构模型来表征滑坡体运动的宏观特征（吴勇等，1997）。但滑坡体的土壤微粒形状很难确定，计算过程较为复杂，因此模型的建立和实现都比较困难。为此，引入离散元颗粒流的方法（particle flow code，PFC）（Cundall，1971）。该方法把物体看作简单球体的集合，并利用刚体运动理论进一步简化求解过程。该方法对滑坡体中每个微粒进行求解，计算量较大，在一定程度上影响了该理论的应用。

流体理论是以质点为研究对象的模型，其基本方程是纳维–斯托克斯方程。该理论将滑坡体看作连续流体介质，不直接追究质点的运动过程，以充满运动的质点空间场为对象，研究各个参量空间场的变化规律，从而反映滑坡质点的运动变化过程。该类模型涉及复杂的偏微分方程，通常利用有限元法或者有限差分法求解，该理论的典型代表有 LS-Ratpid 模型（Wang and Sassa，2007；Sassa et al.，2010）。从宏观角度上看，流体理论主要用于描述降雨型滑坡的运动过程。

5.1.4 滑坡链生灾害效应

滑坡链生灾害效应主要指由滑坡引起的次生破坏现象，如滑坡滑动产生的超前破坏性气浪、滑坡滑入水库或河流引起的涌浪、滑坡堵塞河流形成的堰塞湖等。滑坡链生灾害效应分析主要结合滑坡所处的地貌环境，在滑动特征和动力学过程分析的基础上，评估其次生灾害的可能性及次生灾害的类型与强度。例如，对于河流两岸滑坡堵江形成的堰塞湖次生灾害而言，需要评估滑坡的体积、可能形成的堰塞坝高度、堰塞湖的库容及回水面积等；对于位于水库区的大型滑坡而言，需要评估滑坡涌浪的危险性，开展涌浪高度与扩展效应分析等。在实际滑坡危险性中，滑坡链生灾害效应的分析难度较大，开展区域滑坡灾害的链生效应分析的可行性较低，一般是围绕具体需求对特定滑坡事件开展专项分析。

5.2 永久位移与滑坡体积的拟合关系

基于第4章的地震滑坡危险性分析，可识别出震后坡体变形位置和变形大小。危险坡体作为滑坡发育的主要物源区，其运动堵江的体量大小是堰塞湖能否形成的关键要素。目前，还没有形成适用于大区域范围滑坡运动过程模拟的便捷方法，因此本书将采用数值模拟方法判别滑坡的运动轨迹，并运用历史滑坡资料分析移动移位与滑坡体积关系，来估算堵江滑坡体量的大小。5.2节则运用震后遥感解释的滑坡资料及验证通过的永久位移，来开展地震动永久位移 D_n 与滑坡体积 V_L 之间的拟合关系分析，以辅助滑坡堵江的风险研究。

5.2.1 滑坡体积估算方法

滑坡堆积物体积对次生泥石流、堰塞湖及其他相关灾害的风险预估与测评至关重要。目前，关于滑坡体积估算的技术包括现场调查、卫星图像解释及高分辨率数字地形模型（digital terrain model，DTM）分析等。由于多数滑坡缺失精确的地表和地下几何形状信息，确定滑坡的体积相对困难。为此，科研学者针对滑坡调查资料，开展了系列滑坡体积估算统计关系研究。从理论角度上讲，滑坡体积可以表示为滑坡面积与平均滑坡深度的乘积，然而，在没有预破裂地形的情况下，很难估计平均滑坡深度。Simonett（1967）提出了依据滑坡面积（ A_L ）预测滑坡体积（ V_L ）的方法，即 $V_L = a A_L^b$ （ a ， b 均为系数）。该公式的提出，为根据野外照片、航空照片、卫星图像测量的滑坡面积进行滑坡体积估算提供了依据。此后，众多学者针对不同的地域范围及地质环境开展了大量同类研究，形成了系列滑坡面积–体积的经验公式（表5-2）。该类经验公式可用于估算大范围区域的滑坡体积。

表 5-2 滑坡面积与滑坡体积的关系

滑坡面积−体积经验公式	A_L/m^2	滑坡数量/处	来源
$V_L = 0.1479 A_L^{1.368}$	$2.3 \times 10^0 \sim 1.9 \times 10^5$	207	Simoett（1967）
$V_L = 0.234 A_L^{1.11}$	$2.1 \times 10^0 \sim 2 \times 10^2$	29	Rice 等（1969）
$V_L = 0.1549 A_L^{1.0905}$	$7.0 \times 10^2 \sim 1.2 \times 10^5$	124	Guthrie 和 Evans（2004）
$V_L = 0.00004 A_L^{1.95}$	$>1.0 \times 10^6$	23	Korup（2005）
$V_L = 0.39 A_L^{1.31}$	$1.0 \times 10^1 \sim 3.0 \times 10^3$	51	Imaizumi 和 Sidle（2007）
$V_L = 0.194 A_L^{1.19}$	$5.0 \times 10^1 \sim 4.0 \times 10^3$	11	Imaizumi 等（2008）
$V_L = 0.0844 A_L^{1.4324}$	$1.0 \times 10^1 \sim 1.0 \times 10^9$	539	Guzzetti 等（2008）
$V_L = 0.074 A_L^{1.45}$	$2.0 \times 10^0 \sim 1.0 \times 10^9$	677	Guzzetti 等（2009）
$V_L = 0.224 A_L^{1.262}$ （土质滑坡）	$1.0 \times 10^0 \sim 1.0 \times 10^8$	1785	Larsen 等（2010）
$V_L = 0.234 A_L^{1.41}$ （基岩滑坡）			
$V_L = 0.452 A_L^{1.242}$	$1.1 \times 10^2 \sim 2.0 \times 10^5$	371	Tseng 等（2013）
$V_L = 2.51 A_L^{1.206}$	$8.5 \times 10^1 \sim 4.7 \times 10^4$	318	
$V_L = 3.4573 \times A_L^{1.2053}$ （汶川大型滑坡）	$1.0 \times 10^3 \sim 5.1 \times 10^5$	107	Fan 等（2011）

5.2.2 滑坡永久位移与滑坡体积的曲线拟合

运用表4-9和图4-6的方法针对历史滑坡点提取对应范围的最大 D_n 值，建立历史滑坡面积与对应范围内最大永久位移的一一对应关系。采用滑坡面积−体积经验公式进行面积体积换算，实现永久位移与滑坡体积关系的建立。为提高滑坡面积−体积经验公式的适用性，在表 5-2 中，选取 Larsen 等（2010）基于全球各地 1785 个滑坡体拟合的基岩滑坡面积与体积的换算关系（简称 Larsen 方法），以及 Fan 等（2011）依据汶川地震大型滑坡数据拟合的滑坡面积与滑坡体积的换算关系（简称 Fan 方法），针对遥感解译的历史滑坡数据，开展滑坡面积与滑坡体积的换算及对比研究。

对根据 Larsen 方法和 Fan 方法换算所得的 15061 个滑坡体积数据进行分级处理，具体的分级标准为体积小于 1000m³ 为一级，体积在 1000 ~ 10 000m³，每 1000m³ 分一级；体积在 $1 \times 10^4 \sim 1 \times 10^5$ m³，每 1×10^4 m³ 分一级；体积在 $1 \times 10^5 \sim 1 \times$

$10^6\,\mathrm{m}^3$，每 $1\times10^5\,\mathrm{m}^3$ 分一级；体积在 $1\times10^6\sim1\times10^7\,\mathrm{m}^3$，每 $1\times10^6\,\mathrm{m}^3$ 分一级；体积在 $1\times10^7\sim1\times10^8\,\mathrm{m}^3$，每 $1\times10^7\,\mathrm{m}^3$ 分一级；体积超过 $1\times10^8\,\mathrm{m}^3$，每 $1\times10^7\,\mathrm{m}^3$ 分一级。取不同量级的滑坡体积平均值和对应的永久位移平均值进行曲线拟合，建立永久位移等级和滑坡体积量级之间的曲线关系。

参照 Larsen 方法得到的 V_L–D_n 拟合关系式［式5-2，图5-2（a）］为

$$V_\mathrm{L}=0.8541\times e^{0.0135D_\mathrm{n}} \quad R^2=0.8552 \tag{5-2}$$

参照 Fan 方法得到的 V_L–D_n 拟合关系式［式5-3，图5-2（b）］为

$$V_\mathrm{L}=1.5064\times e^{0.0127D_\mathrm{n}} \quad R^2=0.8666 \tag{5-3}$$

式中，V_L 为滑坡体积，单位为 $10^4\,\mathrm{m}^3$；D_n 为永久位移，单位为 cm。

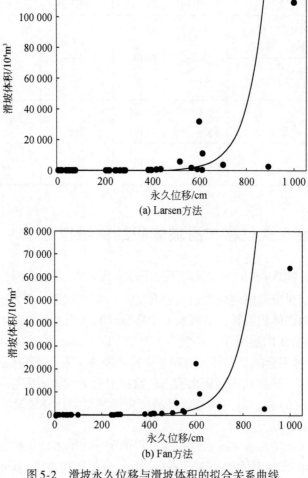

图5-2　滑坡永久位移与滑坡体积的拟合关系曲线

依据式（5-2）和式（5-3），永久位移取值为100cm、200cm、300cm、400cm、500cm、600cm、700cm、800cm、900cm、1000cm时，Fan方法和Larsen方法对应的滑坡体积如表5-3所示。结果表明对于同样的永久位移而言，两种方法对应的滑坡体积均在同一量级，永久位移为700cm时两种方法对应的滑坡体积的数值差异最小，其差异比只有0.75%；随着永久位移逐渐变大或变小，两种方法对应的滑坡体积的数值差异逐渐增大。当$D_n<700cm$时，Larsen方法对应的滑坡体积（V_{L2}）较Fan方法对应的滑坡体积（V_{L1}）偏小；当$D_n>700cm$时，Larsen方法对应的滑坡体积较Fan方法对应的滑坡体积偏大。

表5-3　永久位移与滑坡体积对照

永久位移/cm	滑坡体积/$10^4 m^3$		数值差异比/%
	$V_{L1}=1.5064e^{0.0127D_n}$	$V_{L2}=0.8541e^{0.0135D_n}$	$(V_{L1}/V_{L2}-1)\times100\%$
100	5.36	3.29	62.92
200	19.10	12.71	50.28
300	68.01	49.02	38.74
400	242.19	189.10	28.08
500	862.40	729.45	18.23
600	3 070.89	2 813.81	9.14
700	10 934.99	10 854.04	0.75
800	38 937.87	41 868.67	−7.00
900	138 652.03	161 505.26	−14.15
1000	493 719.44	622 994.52	−20.75

依据汶川地震实际发生的大型滑坡数据，在大光包滑坡（实际体积为$7.5\times10^8 m^3$）对应位置，依据Larsen方法估算的滑坡体积为$1.095\,66\times10^9 m^3$，偏大46%；依据Fan方法估算的滑坡体积为$6.386\,6\times10^8 m^3$，偏小15%。同时，依据实际滑坡体积基于两条V_L-D_n曲线反算大光包滑坡对应的永久位移值，其所对应的永久位移值分别为843cm（Larsen方法）和852cm（Fan方法）。依据周庆等（2008）针对汶川地震地表破裂带宽度的调查结果和刘静等（2010）针对汶川地震映秀−北川地表破裂带位移特征的研究结果，汶川地震的水平或垂直位移量部分达6m以上，若考虑逆断层作用产生的"地壳缩短"作用，位移量应该在8～10m。因此，Larsen方法和Fan方法对研究区而言都具有一定的适用性。在本章节中，考虑到Fan方法对超大型滑坡（大光包滑坡）面积−体积换算的结果与实际值误差较小，结果较好，本书将采用Fan方法进行V_L-D_n推算。

根据Fan方法，若依据10的整数倍取值，永久位移在150cm以上时，地震引发的滑坡体积可以超过 $1\times10^5\,\mathrm{m}^3$；永久位移在 330cm 以上时，地震引发的滑坡体积可以超过 $1\times10^6\,\mathrm{m}^3$；永久位移在 510cm 以上时，地震引发的滑坡体积几近 $1\times10^7\,\mathrm{m}^3$；永久位移在 700cm 以上时，地震引发的滑坡体积可以超过 $1\times10^8\,\mathrm{m}^3$。因此，采用 150cm 的永久位移作为形成中型滑坡的临界值，330cm 的永久位移作为形成大型滑坡的临界值，510cm 的永久位移作为形成超大型滑坡的临界值，700cm 的永久位移作为形成巨型滑坡的临界值。

5.2.3　滑坡体积与滑坡深度的曲线拟合

滑坡深度是除滑坡体积和滑坡面积之外的另一个参数，在实际滑坡特征指标中的运用相对较少，因为滑坡深度在滑坡体中心地区和边界地区差异较大，存在渐变的特征。但是估算滑坡深度，尤其是一定体积的滑坡体对应的平均滑动深度，对全面了解滑坡概况具有一定的参考价值。

基于 Fan 方法和 Larsen 方法获得的滑坡体积和滑坡面积，发现滑坡的深度随着滑坡体积的增大呈幂函数分布（图5-3）。由于研究中滑坡体积是按量级划分的，同一量级对应多组深度值。5.2.3 节开展了量级滑坡与平均滑动深度、最大滑动深度和最小滑动深度的关系曲线的拟合，两种方法的曲线轨迹较为一致。于 Fan 方法而言，研究区内滑坡深度基本在 100m 以内，当滑坡体积达到 $2\times10^7\,\mathrm{m}^3$ 后，滑坡深度的变化趋势逐渐平缓，体积在 $2\times10^7\sim7\times10^8\,\mathrm{m}^3$ 的滑坡体的深度在 $49\sim90\mathrm{m}$ 渐增。于 Larsen 方法而言，其计算所得的滑坡深度较 Fan 方法的略大，滑坡深度最大值达 150m。滑坡体积达到 $2\times10^7\,\mathrm{m}^3$ 后，滑坡深度的变化率较 Fan 方法的偏大，体积在 $2\times10^7\sim7\times10^8\,\mathrm{m}^3$ 的滑坡体的深度在 $47\sim134\mathrm{m}$ 渐增，变化幅度较宽。两种方法拟合的关系曲线如图 5-3 所示。

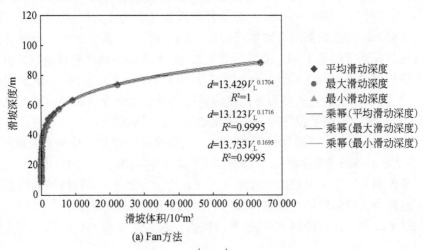

(a) Fan方法

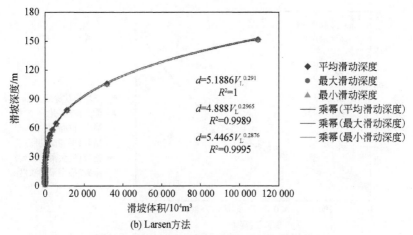

(b) Larsen方法

图 5-3　滑坡体积与滑坡深度的拟合关系曲线

拟合的点为滑坡体积 V_L 定级分类后的多个滑坡的平均 V_L 值

1）Fan 方法，滑坡体积与滑坡深度的拟合关系式：

$$d = 13.429 \times V_L^{0.1704} \quad R^2 = 1 \tag{5-4}$$

2）Larsen 方法，滑坡体积与滑坡深度的拟合关系式：

$$d = 5.1886 \times V_L^{0.291} \quad R^2 = 1 \tag{5-5}$$

式中，d 为滑坡深度，单位为 m；V_L 为滑坡体积，单位为 10^4m^3。其中，d 与 V_L 均采用平均值。

5.2.4　滑坡永久位移与滑坡深度的曲线拟合

依据不同量级的滑坡分类，5.2.4 节同时开展了滑坡永久位移与滑坡深度的曲线拟合，发现 Fan 方法和 Larsen 方法拟合出来的曲线存在同样的增速趋势。基于 Fan 方法拟合的滑坡永久位移与滑坡深度的曲线较为平缓，而基于 Larsen 方法拟合的滑坡永久位移和滑坡深度的曲线增速较快（图 5-4）。两种方法拟合的结果都成指数关系，R^2 在 0.8 以上。

基于 Fan 方法拟合的滑坡永久位移和滑坡深度的关系式（D_n 和 d 均采用平均值）为

$$d = 14.4 \times e^{0.002D_n} \quad R^2 = 0.8666 \tag{5-6}$$

基于 Larsen 方法拟合的滑坡永久位移和滑坡深度的关系式（D_n 和 d 均采用平均值）为

$$d = 4.957 \times e^{0.003D_n} \quad R^2 = 0.8549 \tag{5-7}$$

式中，d 为滑坡深度，采用平均值，单位为 m；D_n 为滑坡永久位移，采用平均

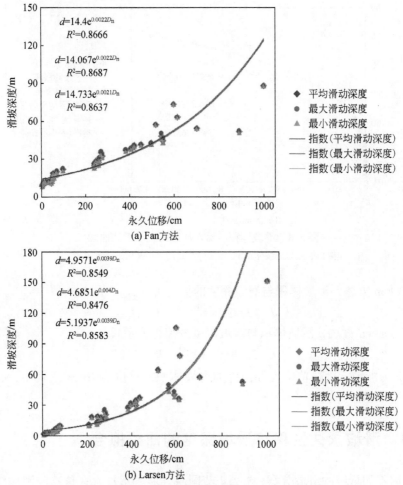

图 5-4　滑坡永久位移和滑坡深度的拟合关系曲线

拟合的点为滑坡体积定级分类后，同一量级的滑坡对应的永久位移和深度的平均值

值，单位为 cm。

　　汶川地震震后滑坡的调查结果显示文家山滑坡的平均滑动深度为 50m 左右（曾超，2009）；黄润秋（2011）针对中国多个滑坡进行分析，得出滑坡的平均滑动深度为 14m，滑体体积为 $4.7 \times 10^7 \mathrm{m}^3$。因此，Fan 方法得到的滑坡深度比 Larsen 方法计算的滑坡深度也更符合研究区的实际情况。

　　综合关于滑坡面积–滑坡体积及滑坡体积–滑坡深度的研究成果，Fan 方法与汶川地震的实际结果更吻合。因此，在后续的工作中，将采用 Fan 方法的滑坡面积–滑坡体积关系式开展相关的研究工作，运用 Fan 方法的永久位移–滑坡体积拟合关系及滑坡体积–滑坡深度拟合关系进行后续的滑坡体量估算工作。

5.3　RockFall Analyst 模型及参数率定

5.3.1　研究方法

RockFall Analyst 是一种三维固体运动模型，该模型基于 ArcGIS 平台，结合 GIS 建模，能够有效模拟岩土三维（3D）落地过程（Lan et al.，2007）。RockFall Analyst 模型包括两个主要部分：①三维落石轨迹模拟和；②落石空间分布的栅格建模。当考虑基于单元平面的动态过程时，RockFall Analyst 非常适合用于分析在空间和时间上变化的危害的发生。三维落石轨迹模拟是 RockFall Analyst 模型的主要部分，它使用"集中质量"或点方法来模拟落石轨迹。通过在落石多场景中考虑地形和一系列物理参数，RockFall Analyst 提供了一种探索与落石有关的空间数据（如落石频率、能量）的方法，并检查它们的方向变化。同时，RockFall Analyst 中还提供了屏障分析工具来帮助屏障设计，能够很好地模拟岩块的运动过程。巨石的物理特性，如岩石位置、位移、速度、加速度、力和动量，都在 3D 向量空间中表示。输入参数包括危险坡体危险源层、滑面性质和 DEM 地形等。汶川地震发生的滑坡多为高位滑坡和岩质滑坡，且存在大量的崩塌现象，因此运用 RockFall Analyst 模型进行岩块的运动轨迹分析存在一定的合理性。

RockFall Analyst 模型使用抛物线方程计算巨石坠落或飞行路径的算法为

$$|\bar{x}| = \begin{bmatrix} 0 \\ 0 \\ -\frac{1}{2}gt^2 \end{bmatrix} + \begin{bmatrix} V_{X_0} \\ V_{Y_0} \\ V_{Z_0} \end{bmatrix} t + \begin{bmatrix} X_0 \\ Y_0 \\ Z_0 \end{bmatrix} \tag{5-8}$$

式中，g 为重力加速度（9.8m/s²）；X_0，Y_0，Z_0 为初始位置坐标；V_{X_0}，V_{Y_0}，V_{Z_0} 分别为岩石在 x，y，z 方向的初始速度。石块的速度矢量定义为

$$|\bar{v}| = \begin{bmatrix} V_{X_0} \\ V_{Y_0} \\ V_{Z_0}-gt \end{bmatrix} = \begin{bmatrix} 0 \\ 0 \\ -gt \end{bmatrix} + \begin{bmatrix} V_{X_0} \\ V_{Y_0} \\ V_{Z_0} \end{bmatrix} \tag{5-9}$$

飞行路径的末端为表面栅格和岩石飞行路径的交点，局部坐标系中的回弹/跳动速度矢量被定义为

$$V'_{Dip} = V_{Dip}R_T \tag{5-10}$$
$$V'_{Trend} = V_{Trend}R_T \tag{5-11}$$
$$V'_N = V_N R_N \tag{5-12}$$

式中，V_{Dip}、V_{Trend}、V_N为没有能量损失的弹跳速度矢量；V_{Dip}为岩石在倾斜单元倾角方向上的速度分量；V_{Trend}为岩石在趋势方向上的速度分量；V_N为速度分量；R_N为正常恢复系数，$R_N \in [0, 1]$；R_T为切向恢复系数，$R_T \in [0, 1]$。

在 RockFall Analyst 模型中，如果巨石在撞击后保持较高的速度，则巨石会弹跳并继续其抛物线抛射运动，而如果速度降低到某个值（即 0.5m/s）撞击后会发生滚动/滑动。在模型计算的过程中，岩石在前一个单元网格中滑动的最终速度与在下一单元网格中的初始速度相同。如果岩石速度降低至 0m/s，模拟将停止（Lan et al.，2007）。

在岩体运动汇集的表达中，岩体汇集的判别原理如图 5-5 所示。基于岩石的运动轨迹，再依据 DEM 判断汇集到每个网格的物源栅格总数，进而判断岩石经

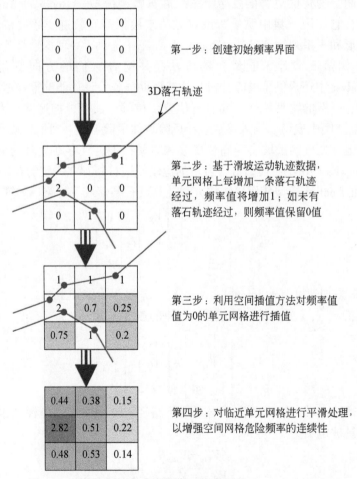

图 5-5　岩体空间汇集分布频率工作流程图（Lan et al.，2007）

过的频率,即滑坡的强度。具体分析步骤:在没有落石轨迹通过的情况下,单元网格的频率值将保持为 0,如果一条落石轨迹通过,则单元网格的频率值将增加 1,并在邻域(3×3)的单元网格上做平均分析,以获得连续预测的滑坡岩体汇集空间频率。

在滑坡体积的估算方法上,由于每个单元网格的频率值表示空间位置上该网格点汇聚滑坡物源面积的大小,可以基于滑坡体积与面积的关系,估算得出各单元网格上可能形成的滑坡体量的大小。

5.3.2 基础数据

依据 RockFall Analyst 模型的基本原理,研究所需的数据包括三个部分:地质数据集、土地利用方式数据集及堰塞湖历史灾害数据集。本书中,地形地貌数据集来自中国科学院资源环境科学数据中心,数据分辨率为 90m×90m,此数据主要用于生成坡度和坡向;地质数据集来自中国地质调查局,该项数据集主要用于岩组分类,进行模型法向恢复系数和切向恢复系数的参数设置;土地利用方式数据集来自中国科学院遥感与数字地球研究所,数据为 2010 年左右的解译数据,数据分辨率为 250m×250m,该数据用于滑坡滑面性质的分类及参数设定;堰塞湖历史灾害数据集主要来自文献调研,用于危险河段验证。数据集的具体描述和来源如表 5-4 所示。

表 5-4 滑坡–危险河段级联关系模拟数据集

数据集	内容	具体描述	来源
地形地貌数据集	DEM 数据	90m×90m 分辨率	中国科学院资源环境科学数据中心
地质数据集	1:50 万地质图	地质年代、岩组、岩性等信息	中国地质调查局
土地利用方式数据集	土地利用空间分布数据	250m×250m 分辨率	中国科学院遥感与数字地球研究所
堰塞湖历史灾害数据集	堰塞湖灾害点	矢量	文献调研

本书收集的堰塞湖历史灾害数据主要来自文献,获取的堰塞湖空间分布如图 5-6 所示。多数堰塞湖位于汶川—江油的高地震烈度带上,且较大比例与断层在位置上存在一定的叠合性。文献中收集的含有堰塞坝体积信息的堰塞湖数据则如表 5-5 所示。最小堰塞坝体积为 $1.1×10^5 m^3$,位于小港江下游;最大堰塞坝体积为 $1.066×10^7 m^3$,位于安县肖家桥。此外,还有唐家山堰塞湖,坝体高度为 $82.5 \sim 124.4 m$,体积为 $2.037×10^7 m^3$;大光包堰塞湖的坝体高度为 690m。

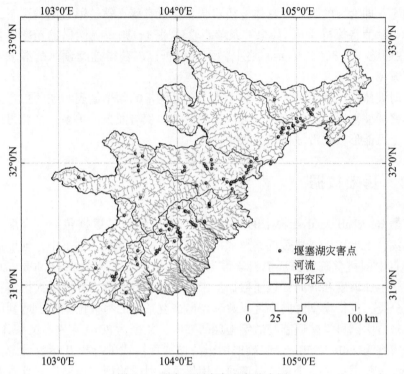

图 5-6 研究区堰塞湖灾害分布图

表 5-5 研究区堰塞湖信息概况

序号	纬度	经度	规模	坡向/(°)	坝体体积/$10^4 m^3$
1	31.976°N	104.579°E	小型	207	80
2	32.04°N	104.669°E	小型	105	26
3	32.217°N	104.85°E	大型	319	507
4	32.263°N	104.879°E	小型	135	30
5	32.284°N	104.893°E	中型	96	203
6	32.402°N	105.132°E	中型	87	109
7	32.417°N	105.12°E	大型	90	365
8	32.434°N	105.107°E	大型	47	1022
9	31.644°N	104.276°E	大型	44	1066
10	31.659°N	104.27°E	中型	91	80
11	31.663°N	104.27°E	小型	260	35
12	31.667°N	104.27°E	小型	290	33
13	31.67°N	104.272°E	小型	329	46
14	31.523°N	104.23°E	大型	307	329

序号	纬度	经度	规模	坡向/(°)	坝体体积/$10^4 m^3$
15	31.486°N	104.157°E	中型	183	37
16	31.492°N	104.147°E	小型	130	11
17	31.498°N	104.134°E	中型	288	66
18	31.51°N	104.123°E	大型	45	431
19	31.599°N	104.096°E	中型	336	152
20	31.604°N	104.069°E	小型	143	87
21	31.637°N	104.015°E	中型	354	219
22	31.402°N	104.017°E	大型	273	181
23	31.497°N	103.944°E	中型	240	76
24	31.424°N	104.025°E	小型	277	13
25	31.431°N	104.012°E	小型	11	12
26	31.43°N	104.011°E	小型	219	20

5.3.3 参数率定

运用 RockFall Analyst 模型对岩土体开展滑动过程模拟，需要考虑不同坡体的滑面类型和岩块恢复系数。关于恢复系数的取值，铁道部运输局就法向恢复系数和切向恢复系数给出了相应的参考标准（表 5-6 和表 5-7）。借鉴 RockFall Analyst 模型开发者 Lan 等（2007）的恢复系数取值，本书基于研究区内的土地利用类型（包括林地、疏林地、水域及湿地、裸岩裸土及旱地、城建用地、冰川等），将滑坡体滑面性质分为茂密林岩土滑面、疏林岩土滑面、松散土层草地滑面、水域及湿地、裸岩裸土及旱地等硬岩土滑面、城建用地（光滑坚硬表面）、冰川滑面 7 类，并进行相应的法向恢复系数和切向恢复系数取值（表 5-8）。由于缺乏具体的滑坡面摩擦角的实验数据，本书中除水体之外的所有滑坡面的摩擦角统一设置为 30°，水域及湿地的摩擦角按照 Lan 等（2007）的取值设置为 89°。

表 5-6 法向恢复系数范围（铁道部运输局）

滑面特征	法向恢复系数
光滑而坚硬的表面（如人行道）或光滑的基岩和砾岩	0.37 ~ 0.42
基岩和砾岩	0.33 ~ 0.37
硬土	0.30 ~ 0.33
软土	0.28 ~ 0.30

表 5-7 切向恢复系数范围（铁道部运输局）

滑面特征	切向恢复系数
光滑而坚硬的表面（如人行道）或光滑的基岩和砾岩	0.87 ~ 0.92
基岩和物植被覆盖的基岩	0.83 ~ 0.87
少量植被覆盖的基岩	0.82 ~ 0.85
植被覆盖的斜坡和有稀少植被覆盖的土质	0.80 ~ 0.83
灌木林覆盖的土质	0.78 ~ 0.82

表 5-8 研究区滑面性质参数

滑面类型	法向恢复系数	切向恢复系数	摩擦角/(°)
茂密林岩土滑面	0.20	0.60	30
疏林岩土滑面	0.30	0.60	30
松散土层草地滑面	0.30	0.80	30
水域及湿地	0	0	89
裸岩裸土及旱地等硬岩土滑面	0.35	0.80	30
城建用地（光滑坚硬表面）	0.40	0.85	30
冰川滑面	0.10	0.10	30

5.4 滑坡-危险河段成险过程模拟及验证

危险河段风险识别的总体研究思路：综合边坡的坡度、坡向判别危险岩体的最大势能方向与大小——模拟滑坡的运动轨迹——识别堆积体的位置——评估堆积体体积——开展滑坡残积体与河流的交汇分析——识别危险河段。

5.4.1 滑坡风险物源区识别

依据 Newmark 模型的地震滑坡危险性概率，识别永久位移超过 121.8cm（滑坡发生的概率能达到最大值 0.272）的坡体为滑坡风险物源区。永久位移与滑坡体积基于 Fan 方法的曲线拟合结果显示，永久位移在 150cm 以上时，地震引发的滑坡体积可能超过 $1\times10^5 m^3$（中型滑坡等级）；永久位移在 330cm 以上时，地震引发的滑坡体积可能超过 $1\times10^6 m^3$（大型滑坡等级），永久位移在 510cm 以上时，地震引发的滑坡体积可能超过 $1\times10^7 m^3$（超大型滑坡等级），永久位移在 700cm 以上时，地震引发的滑坡体积可能超过 $1\times10^8 m^3$（巨型滑坡等级）。因此，本书选取大于121cm的150cm、330cm、510cm及700cm的D_n区域为RockFall Analyst模型的风险物源区,并进行危险坡体的滑坡运动轨迹模拟。

对各等级滑坡的永久位移危险点进行统计,永久位移大于700cm以上的栅格点有12 223个,永久位移为510～700cm的栅格点有33 316个,永久位移为330～510cm的栅格点有51 916个,永久位移为150～330cm的栅格点有92 544个。永久位移大于700cm的不稳定岩体在研究区内较大范围均有分布,占总面积的0.34%,主要分布在汶川、绵竹及什邡等超级重灾区。永久位移为510～700cm的不稳定岩体在研究区内主要分布于汶川、绵竹及什邡的西部,占总面积的0.92%。永久位移为330～510cm的不稳定岩体在研究区内主要分布于烈度较大的中心条带上,分布较为均匀,占总面积的1.45%。永久位移为150～330cm的不稳定岩体占总面积的2.58%。

5.4.2　危险坡体运动模拟

运用RockFall Analyst模型对风险物源区网格进行运动轨迹模拟,根据图5-7～图5-10(右上图及右下图为方框放大图),不稳定岩体主要分布在山间峡谷两侧,在狭窄河段有高度汇集现象。

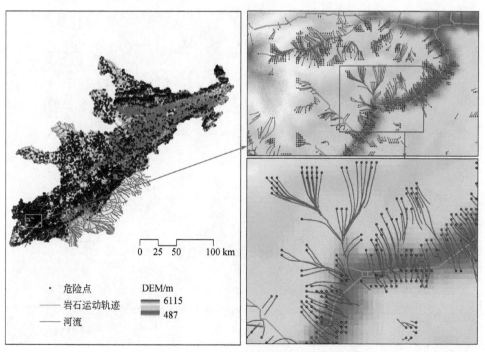

图5-7　永久位移大于700cm的物源分布及运动轨迹

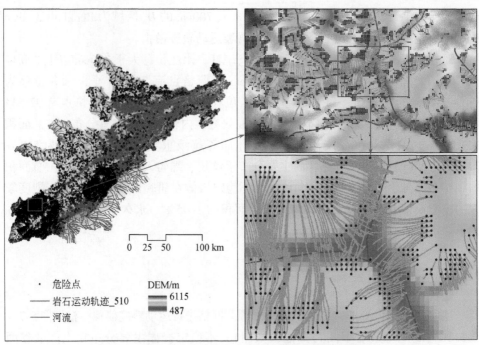

图 5-8 永久位移为 510~700cm 的物源分布及运动轨迹

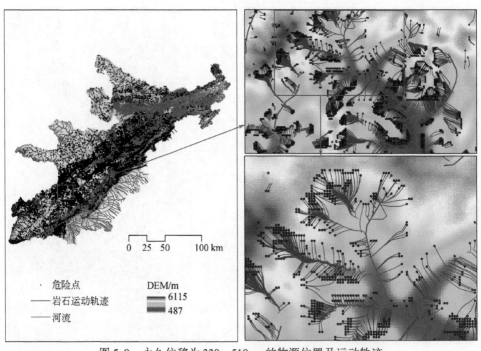

图 5-9 永久位移为 330~510cm 的物源位置及运动轨迹

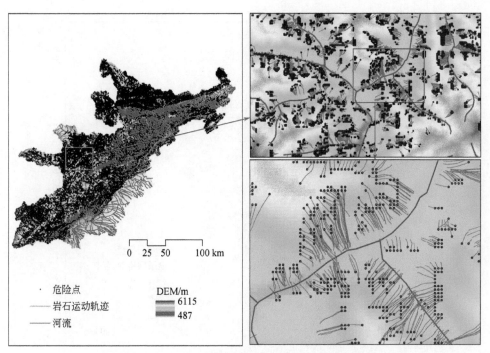

图 5-10 永久位移为 150 ~ 330cm 的物源位置及运动轨迹

基于运动轨迹的空间分布，运用 RockFall Analyst 模型进一步分析空间位置上滑坡汇集量。在研究区内，受地震灾害影响，滑坡汇集量最高为 214 个物源网格；滑坡汇集量大于 100 个物源网格的有 162 处，滑坡汇集量为 30 ~ 100 个物源网格的有 6527 处，滑坡汇集量为 10 ~ 30 个物源网格的有 81 997 处，滑坡汇集量为 5 ~ 10 个物源网格的有 159 629 处，滑坡汇集量小于 5 个物源网格的有 750 413 处（图 5-11）。依据滑坡面积–滑坡体积和滑坡体积–滑坡深度的经验关系，汇集的滑坡物源网格数量（用以表示滑坡面积）与可能形成的滑坡堆积体的对应关系如表 5-9 所示。

表 5-9 研究区物源网格数量与风险滑坡的对应关系

物源网格数量/个	滑坡面积/$10^4 m^2$	滑坡深度/m	滑坡体积/$10^4 m^3$
1 ~ 5	1 ~ 5	2	2
5 ~ 10	5 ~ 10	5	10
10 ~ 30	10 ~ 30	10	100
30 ~ 100	30 ~ 100	35	1000
>100	>100	50	5000

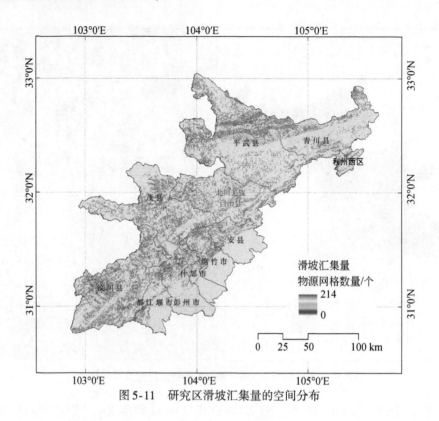

图 5-11　研究区滑坡汇集量的空间分布

5.4.3　危险河段识别及验证

　　将各等级不稳定性岩体的运动轨迹与河流进行取交分析，发现在研究区内总长度为 11 529.3km 的河段中，存在遭遇巨型滑坡堵江风险的超高危险河段长度为 331.8km，占总河段长度的 2.9%；存在遭遇超大型滑坡堵江风险的高危险河段长度为 583.0km，占总河段长度的 5.1%；存在遭遇大型滑坡堵江风险的中等危险河段长度为 801.9km，占总河段长度的 7.0%；存在遭遇中型滑坡堵江风险的低危险河段长度为 1487.8km，占总河段长度的 12.9%。

　　导入堰塞湖历史灾害数据与危险河段进行对比（图 5-12），经验证，有 64% 的堰塞湖位于危险河段，其余未通过验证的堰塞湖部分处于危险河段下游，部分位于青川、平武境内东部。经分析，实际形成的堰塞湖位于模拟所得的危险河段下游，其原因可能为崩滑体入江后，受水流影响，岩土体随流水向下游移动，直至狭窄河段才堵江成坝。而青川、平武境内东部堰塞湖主要受北川地震能量的影响，因此本书不能很好地模拟出青川、平武的受灾状况。总而言之，验证结果显示了本章节方法的适用性及可行性。

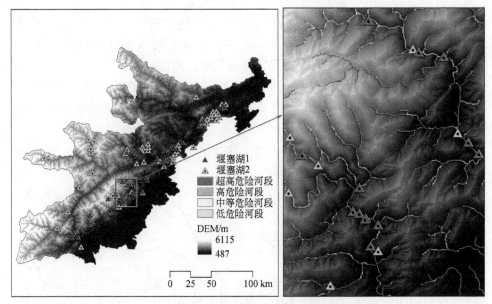

图 5-12　危险河流河段预测及历史堰塞湖分布验证

5.5　本 章 小 结

　　第 5 章从地震–滑坡–堰塞湖灾害链的滑坡运动堵江过程出发，通过梳理滑坡运动机制，分析滑坡运动过程分析内容，基于 RockFall Analyst 模型对危险坡体岩土运动轨迹进行了模拟分析，并运用滑坡面积–滑坡体积、永久位移–滑坡体积、滑坡体积–滑坡深度的曲线关系有效实现了滑坡汇集量（滑坡强度）的空间估算。滑坡运动过程及其与河道的空间分析有效反映了滑坡–堰塞湖灾害链过程的级联效应。

　　运用大型地震滑坡的 A_L–V_L 方程拟合的 D_n–V_L 关系曲线显示，D_n–V_L 成指数关系，其关系式为 $V_L = 1.5064 e^{0.0127 D_n}$，$R^2 = 0.8666$。当永久位移达到 150cm、330cm、510cm 及 700cm 时，其分别存在引发中型滑坡、大型滑坡、超大型滑坡及巨型滑坡的风险。

　　运用 RockFall Analyst 模型对研究区内永久位移大于 150cm 的各等级危险坡体（滑坡物源区）进行的岩体运动轨迹模拟及区内滑坡汇集量（堆积体）空间分布结果显示，在研究区范围内，受地震灾害影响，物源岩土汇集面积最高可达214 个单元网格；物源岩土汇集面积大于 100 个单元网格的滑坡汇集量有 162 处，物源岩土汇集面积介于 30～100 个单元网格的滑坡汇集量有 6527 处，物源岩土汇集面积介于 10~30 个单元网格的滑坡汇集量有 81 997 处。

对各级别危险坡体的滑坡运动轨迹及河流分布进行的空间分析结果显示，整个研究区内 331.8km（2.9%）的河段存在遭遇巨型滑坡堵江的风险；583km（5.1%）的河段存在遭遇超大型滑坡堵江的风险；801.9km（7.0%）的河段存在遭遇大型滑坡堵江的风险；1487.8km（12.9%）的河段存在遭遇中型滑坡堵江的风险。历史堰塞湖灾害数据的验证显示，64%的堰塞湖位于危险河段区域，未通过验证的堰塞湖位于危险河段下游及主要余震受灾区境内。

> **讨　论**
>
> 第5章实现了地震–滑坡–堰塞湖灾害链中滑坡运动堵江过程的级联效应定量分析。在方法上，基于Fan方法的永久位移、滑坡深度、滑坡体积间的拟合关系与调查结果基本一致；评估所得的危险河段亦能通过历史堰塞湖灾害的验证。第5章针对地震地质灾害链滑坡运动堵江环节的级联效应定量分析方法具有良好的适用性。
>
> 然而，危险河段的分析只考虑了各等级下的危险坡体的滑坡量因素，没有考虑河道特征及水流流速等环境因素，因此识别出来的危险河段存在一定的不确定性，同时较实际的危险河段具有更广范围。

第6章 危险河段堰塞湖识别及滞水淹没分析

危险河段是堰塞湖发育高风险区。第6章基于堰塞湖的形成条件及机制，依据入河的滑坡体量，进行堰塞湖风险点识别，并依据堰塞坝的几何特征，分析上游滞水淹没频次及深度风险，从而实现地震–滑坡–堰塞湖灾害链中滞水成险环节的危险性量化评估。

6.1 堰塞湖形成机理及成险机制

6.1.1 崩滑型堰塞湖形成机理

堰塞湖是由一定量的固体物质堵塞山区河道形成的具有一定库容的水体。一般而言，堰塞湖指由地表物质运移而自然形成的蓄积水体。堰塞湖的物质组成主要为岩石、土及碎屑（碎块石和土的混合物）。

堰塞湖在世界各国的山区均有分布。我国是堰塞湖分布广泛的国家，堰塞湖主要分布于大的活动性断裂带上，如龙门山断裂带、雅鲁藏布江断裂带、安宁河断裂带、小江断裂带、则木河断裂带和红河断裂带等，相关的堰塞湖记录就有400多处，特别是青藏高原隆升和河流下切造成的高山峡谷区域，发育了大量的堰塞湖。堰塞湖的发育很大程度上受活动断裂构造控制。活动断裂构造往往塑造出深切河谷，坡陡易滑，岩石破碎，河面狭窄，容易产生大规模崩塌滑坡，进而隔断河道形成堰塞湖。此外，活动断裂区往往也是泥石流活动的高发区，因此也极易形成泥石流堵江。

根据形成堰塞坝体的物质来源和地貌，由强震诱发的大规模崩塌、滑坡堵塞江河形成的堰塞湖即地震崩滑型堰塞湖，是一类典型的堰塞湖，这类堰塞湖约占所有堰塞湖的90%。2008年5月12日，汶川地震形成的堰塞湖多达256处（Cui et al.，2009）。地震崩滑型堰塞湖的形成过程大体可以分为三个阶段：

1）崩滑体的形成与运动阶段，即崩滑体产生并运动至接近河岸的阶段。在该阶段，对于地震触发的崩塌、滑坡而言，其主要外部动力驱动为地震动荷载，地震发生时，地震动加速度在斜坡中上部的放大效应加剧了该部位斜坡岩土体的破裂程度。在地震作用下，岩土体受到较大的地震动荷载作用，岩土体的破裂一旦达到一定的程度，就会导致崩塌、滑坡。

2）崩滑体堆积堵河阶段，即崩滑体进入河道并全部截断或部分截断河道的阶段。崩滑堰塞湖的形成有几个重要条件：崩滑体的体积较大；崩滑体以较快的速度冲入河道并截断河流；堰塞坝体具有较好的自身稳定性。当崩滑体体积较小或只是部分冲入河道或冲入速度过缓时，因岩土颗粒很快被流水带走，崩滑体很难堵截河流。当堰塞坝的自身稳定性相对较差时，堰塞坝体在水的渗透和冲刷共同作用下很难保持稳定状态。

3）被堵河道上游汇水或壅水阶段，即河道上游由于崩滑体的堵塞发生汇水或壅水的阶段。在堰塞坝上游水位上升过程中，堰塞坝的挡水能力和上游水源条件是堰塞湖形成的重要条件。山区河流上游水源条件一般比较充足，只要堰塞坝的渗透量小于上游来水量，上游库区水位就将逐渐上升形成堰塞湖。在上游水位不断上升过程中，因水压作用影响，堰塞坝的渗透稳定性会逐渐下降。

滑坡形成的堰塞湖通常存留时间相对较长。一方面是因为大规模滑坡形成的堰塞坝沿河方向长度较大，稳定性和整体性相对较好，堰塞湖不易瞬间溃决；另一方面是因为堰塞坝较高，蓄水需要的时间较长，堰塞湖难以在短时间内溃决。因此，只要堰塞坝堵塞河道，拦蓄上游来水，使得水位不断上涨，就会造成淹没损失；堰塞湖溃决之后，大量蓄水快速释放，形成溃决洪水，进而引起下游沿江的洪水灾害。

6.1.2 堰塞湖成险机制

堰塞湖具有一定生命周期，其生命周期是指堰塞湖从形成到溃决的整个过程的历时。堰塞湖的生命周期长短不一，从几分钟到上百年甚至上千年不等，这是由堰塞坝的体积、几何特征、组成物质的性质、组成物质颗粒粒度、通过坝体的渗流量、堰塞湖的入流量等因素决定的。一般情况下，大部分堰塞湖在形成一年内溃决，堰塞湖若一年之内没有发生溃决，则发生溃决的可能性较小。Costa 和 Schuster（1988）对世界上 73 个已溃决堰塞湖资料的分析指出，只有 27% 的堰塞湖在 1 天内溃决（图 6-1），约 15% 的堰塞湖在形成后长时间未发生溃决，甚至有些堰塞湖自形成以来一直保留至今，如 1911 年塔吉克斯坦东南部的穆尔加布河上形成的堰塞湖——萨雷兹湖。

对于堰塞湖风险而言，其成险方式主要包括：①上游滞水淹没风险；②溃决洪水风险两部分。

1. 滞水淹没

淹没灾害是堰塞湖形成之后的主要危害方式之一，其表现为堰塞坝体上游水

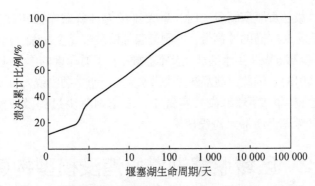

图 6-1　堰塞湖溃决时间曲线（Costa and Schuster，1988）

位不断上升，对堰塞坝上游道路、农地、水利设施和城镇产生淹没。淹没灾害多发生于靠近堰塞坝上游的区域，随着堰塞湖水位的不断上升，堰塞湖库客不断增大（图 6-2），淹没的区域也不断扩大。例如，1819 年，在西姆拉西北地区，因山崩形成的堰塞湖深达 122m，上游淹没长度达 80km。1941 年，台湾嘉义东北地区发生强地震，引起山崩，因山崩形成的堰塞坝高达 100m，上游淹没面积 6.6km²。2008 年，四川汶川地震形成的唐家山堰塞湖，最大库容约为 $3.15\times10^8\ m^3$，截至 2008 年 5 月 21 日 17 时，库内水位为 716.01m，上游淹没了 18km 的公路与大面积的农田和林地，同时还淹没了漩坪、禹里等地区（Cui et al.，2009）。

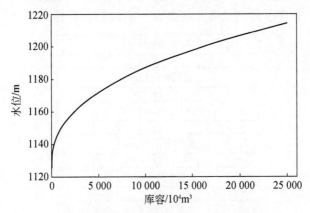

图 6-2　堰塞湖库容–水位关系曲线（石振明等，2016）

2. 溃决洪水

对于溃决洪水而言，随着堰塞湖水位的不断上涨，堰塞坝承受的压力越来越大，同时堰塞坝坝体内的含水量也逐渐升高，其稳定性逐渐降低，堰塞湖可能溃决，对下游造成重大洪灾。堰塞湖的突然溃决，将产生比原有的水文记录高得多的瞬时洪峰过程，在短时间内完全改变河道的自然水文过程，造成巨大的破坏。例如，2000 年，西藏易贡堰塞湖溃决时，最大流量为雅鲁藏布江年均流量的 28 倍，溃口下游两岸形成 50m 高的冲刷带，冲刷带森林植被被完全冲毁，沿线公路、桥梁等基础设施几乎全部被毁，洪水甚至波及雅鲁藏布江下游印度的广大地区，灾情非常严重（刘宁等，2013）。因此，堰塞湖溃决洪水灾害严重威胁沿线人口及财产安全。

考虑到在地震–滑坡–堰塞湖灾害链中，堰塞湖溃决过程及成险机制比较复杂，本书暂时只考虑上游滞水淹没风险。

6.2 区域堰塞湖滞水淹没模型构建

6.2.1 模型方法

1. 堰塞湖–滑坡几何特征统计方法

堰塞湖的几何特征与滑坡的体积存在一定的曲线关系。依据历史滑坡及堰塞湖数据拟合的堰塞湖几何特征关系曲线对区域堰塞湖危险性评估具有一定的适用性。L-D RGA 统计算法（rapid landslide dam geometry assessment method）是 Chen 等（2014）依据台湾 9 个堰塞坝和全球 214 个堰塞坝资料建立的统计模型，用于分析滑坡形成的堰塞坝的几何结构。该算法可以根据滑坡的面积、体积计算出堰塞坝坝体高度、长度、倾斜角等几何参数（图 6-3），并得到了很好的验证。

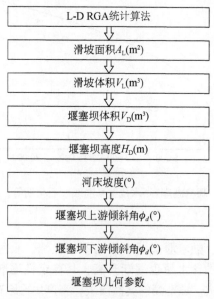

图 6-3 L-D RGA 统计算法框架图（Chen et al.，2014）

基于历史资料对滑坡特征与堰塞湖特征进行关系拟合，形成的 L-D RGA 统计模型显示，堰塞坝体积、堰塞坝高度与滑坡体积存在以下关系。

1）滑坡体积与堰塞坝体积之间的关系：

$$V_{L} = 0.368 \ V_{D}^{0.998} \quad R^2 = 0.9430 \tag{6-1}$$

式中，V_L 为滑坡体积；V_D 为堰塞湖体积。

2）滑坡体积与堰塞坝高度之间的相互关系：

$$H_{D} = 34.921 \ V_{L}^{0.282} \quad R^2 = 0.7648 \tag{6-2}$$

式中，H_D 为堰塞坝高度；V_L 为滑坡体积。

2. 堰塞湖滞水淹没模型构建

堰塞湖上游滞水淹没原理：在上游来水区域中，DEM 高度低于堰塞坝体海拔的区域均被淹没。因此，堰塞湖的淹没区需满足两个条件：①淹没区与坝址相连；②淹没区 DEM 高度大于坝址基底海拔且低于新堰塞坝体顶部海拔。基于这一原理，运用 ArcGIS 构建区域堰塞湖滞水淹没模型。在淹没模型中，河段承载的堰塞湖淹没风险强度，用淹没频次和淹没深度来表示。其中，淹没频次为可能淹没的累计次数，淹没深度为多次淹没的最大深度。为实现区域范围成百上千个堰塞湖的综合风险强度识别，基于 ArcGIS 平台的区域堰塞湖滞水淹没模型的建模思路如图 6-4 所示。

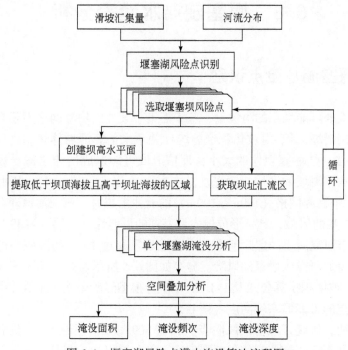

图 6-4　堰塞湖风险点滞水淹没算法流程图

6.2.2　研究数据

本节所需的数据包括地形地貌数据集、物源数据集和河网数据集三部分。地形地貌数据集来自中国科学院资源环境科学数据中心，主要用于河网提取、水流汇聚方向等水文分析；物源数据集来自第 5 章的滑坡运动模拟结果，用于估算堰塞湖风险点的堰塞坝体积和坝高；河网数据集来自 1∶50 万地质图附件数据集，并经 DEM 河网提取校正，用于判别河流的分布。参与本章研究的各项数据的详细信息如表 6-1 所示。

表 6-1　堰塞湖-淹没分析数据集

数据集	内容	描述	来源
地形地貌数据集	DEM 数据	90m×90m 分辨率	中国科学院资源环境科学数据中心
物源数据集	滑坡体积数据	主要为滑坡汇集量	由第 5 章的滑坡运动模拟获得
河网数据集	河流分布图	六级水系数据	1∶50 万地质图附件数据集，并经 DEM 河网提取校正

6.3　堰塞湖滞水淹没分析

6.3.1　堰塞湖危险点识别

关于河道处可能堆积的滑坡量，基于汇集于某处的物源网格面积来表示滑坡的面积，运用滑坡面积-滑坡体积经验统计关系来估算滑坡体量。进而依据 L-D RGA 统计算法评估堰塞坝体的大小，评估滑坡可能造成的滞水淹没风险。对于大型滑坡而言，滑坡的平均滑动深度基本在 10m 以上（表 5-9），因此当某处河道有超过 10 个物源网格（100m ×100m）的岩体汇集时，该处河道即存在遭遇$1×10^6 m^3$ 滑坡汇集的风险，具备形成较大堰塞湖的可能性。运用 ArcGIS 空间分析功能，对 5.4 节研究所得的危险河道上滑坡汇集量超过 10 个物源网格的河道点进行提取，获得的研究区堰塞湖风险点分布如图 6-5 所示。基于 Fan 等（2011）的滑坡面积-滑坡体积换算公式及 L-D RGA 统计模型经验公式，估算出研究区内各堰塞湖风险点的可能堰塞坝高度（图 6-5）。

结果表明，研究区堰塞湖风险点大约有 3093 处，主要分布于绵竹市、什邡市、彭州市及都江堰市东侧的近断裂带处，以及汶川县、茂县、平武县的陡坡山

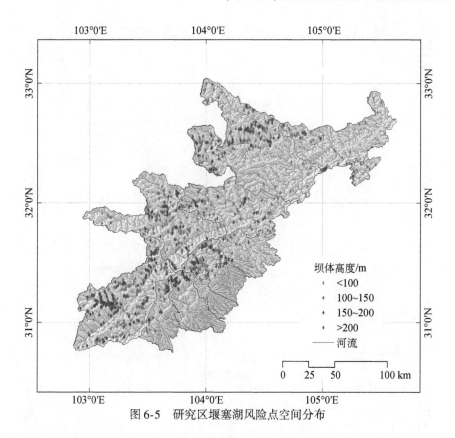

图6-5 研究区堰塞湖风险点空间分布

谷区。在所有的堰塞湖中，2255处堰塞湖的坝体高度将小于100m，829个堰塞湖的坝体高度介于100～150m，44个堰塞湖的坝体高度介于150～200m，1个堰塞湖的坝体高度大于200m。

6.3.2 滞水淹没危险性识别

运用ArcGIS空间分析工具建立堰塞湖风险点的上游滞水淹没模型。在模型中运用迭代算法计算出每个堰塞湖的淹没面积和淹没深度。由于部分坝址相近的堰塞湖风险点的滞水淹没范围在空间上存在一定的重叠性，针对具有重复淹没的河段，取河段最大深度值为该处的淹没深度。淹没的次数则为对该河段产生淹没影响的堰塞湖总数。淹没次数在一定程度上反映了淹没频率，淹没深度则体现了淹没强度。

结果显示（图6-6和表6-2），在研究区范围内，最大淹没深度可达394.62m，存在堰塞湖淹没风险的区域的面积约为715.69km²。淹没深度小于等于10m的淹没面积为81.76km²，淹没深度介于10～20m的淹没面积为76.25km²，

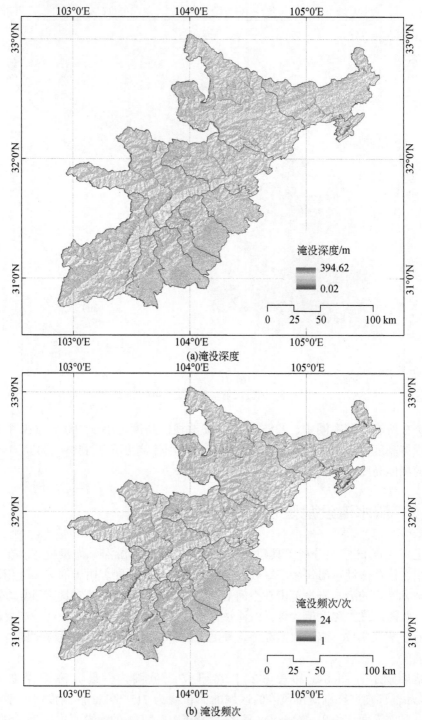

(a)淹没深度

(b) 淹没频次

图 6-6 堰塞湖淹没深度及淹没频次

淹没深度介于 20 ~ 50m 的淹没面积为 209. 56km^2,淹没深度介于 50 ~ 80m 的淹没面积为 158. 96km^2,淹没深度介于 80 ~ 100m 的淹没面积为 81. 76km^2,淹没深度介于 100 ~ 150m 的淹没面积为 59. 85km^2,淹没深度介于 150 ~ 200m 的淹没面积为 22. 49km^2,淹没深度大于 200m 的淹没面积为 25. 06km^2。其中,淹没深度在 20 ~ 80m 的淹没面积所占比例最大,为 51. 49%,淹没深度在 20m 以下的淹没面积所占比例为 22. 09%。

表 6-2　不同淹没深度下的淹没面积统计

淹没深度/m	格网	淹没面积/km^2	比例/%
≤10	8 153	81. 76	11. 43
10 ~ 20	7 625	76. 25	10. 66
20 ~ 50	20 956	209. 56	29. 28
50 ~ 80	15 896	158. 96	22. 21
80 ~ 100	8 176	81. 76	11. 42
100 ~ 150	5 985	59. 85	8. 36
150 ~ 200	2 249	22. 49	3. 14
>200	2 506	25. 06	3. 50
总和	71 569	715. 69	100. 00

在淹没范围内,部分沿河地带可能遭遇 24 处堰塞湖风险点影响。其中,遭遇小于等于 3 处堰塞湖滞水淹没影响的淹没面积为 470. 15km^2,遭遇 4 ~ 5 处堰塞湖滞水淹没影响的淹没面积为 88. 76km^2,遭遇 6 ~ 10 处堰塞湖滞水淹没影响的淹没面积为 71. 74km^2,遭遇 11 ~ 15 处堰塞湖滞水淹没影响的淹没面积为 67. 79km^2,遭遇 15 ~ 20 处堰塞湖滞水淹没影响的淹没面积为 14. 57km^2,遭遇 21 处及以上堰塞湖滞水淹没影响的淹没面积为 2. 68km^2(表 6-3)。因此,受 3 处及以下堰塞湖滞水淹没影响的淹没面积所占比例为 65. 69%,受 10 处及以下堰塞湖滞水淹没影响的淹没面积所占比例为 88. 11%(表 6-3)。

表 6-3　不同淹没频次下的淹没面积统计

淹没频次/次	网格数量	淹没面积/km^2	比例/%
≤3	47 015	470. 15	65. 69
4 ~ 5	8 876	88. 76	12. 40
6 ~ 10	7 174	71. 74	10. 02
11 ~ 15	6 779	67. 79	9. 47
16 ~ 20	1 457	14. 57	2. 04
≥21	268	2. 68	0. 38
总和	71 569	715. 69	100. 00

6.4 堰塞湖滞水淹没风险个例示范

将汶川地震震后历史大型堰塞湖与研究模拟的风险堰塞湖进行对比分析，研究显示部分模拟所得风险堰塞湖，已在汶川地震期间发生，如肖家桥堰塞湖（堰塞坝体积为 $1.066 \times 10^7 \, \text{m}^3$）、石板沟堰塞湖（堰塞坝体积为 $1.022 \times 10^7 \, \text{m}^3$）、关塔堰塞湖（堰塞坝体积为 $3.29 \times 10^6 \, \text{m}^3$）；个别堰塞湖在后续几年内因外力（如降水）作用形成滞后型堰塞湖，如茂县叠溪堰塞湖（堰塞坝体积大于 $1 \times 10^6 \, \text{m}^3$），具体淹没范围及淹没深度如图 6-7 所示。虽然具体坝址不完全重合，但模拟结果体现了周边环境的堰塞湖孕灾风险性。

此外，根据模拟结果，部分其他堰塞湖风险点同样存在较大发育风险，不排除还存在后续诱发风险。本节选取了两个较大的风险堰塞湖（卧龙堰塞湖及老君沟堰塞湖）进行示例研究（图 6-8）。两处风险堰塞湖的淹没深度较大，淹没范围广，堰塞湖发育的风险及其后续的淹没或洪水风险应该得到进一步关注及防范。

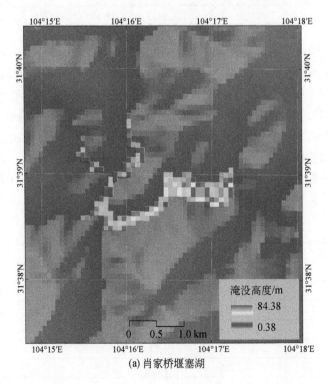

(a) 肖家桥堰塞湖

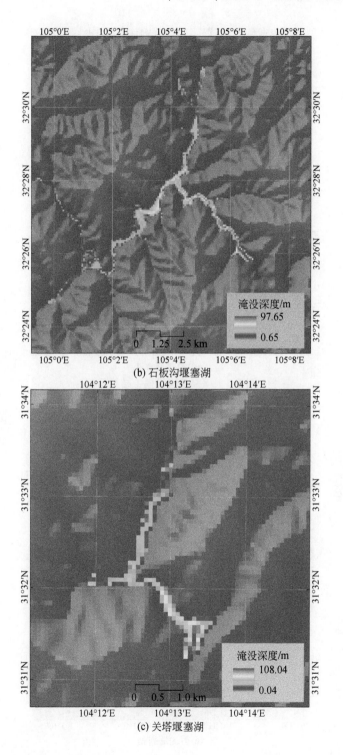

(b) 石板沟堰塞湖

(c) 关塔堰塞湖

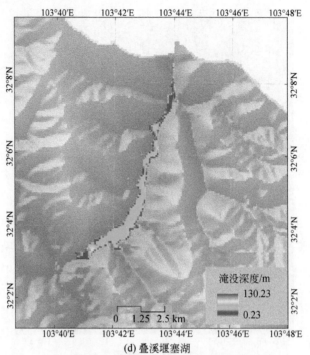

(d) 叠溪堰塞湖

图6-7 堰塞湖淹没模拟结果示例

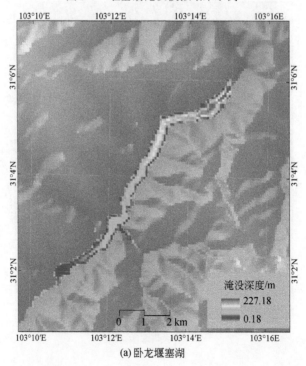

(a) 卧龙堰塞湖

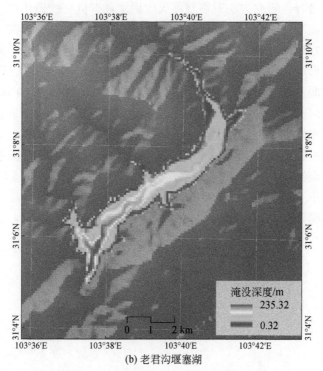

(b) 老君沟堰塞湖

图 6-8　大型堰塞湖淹没模拟及预测示例

6.5　本 章 小 结

通过识别危险河段（堰塞湖风险点），运用滞水淹没模型模拟堰塞湖溃决可能造成的滞水淹没风险，第 6 章实现了堰塞湖滞水淹没的定量危险性评估。淹没深度和淹没频次作为滑坡作用下堰塞湖滞水淹没风险的两个定量化危险性指标，直观地反映了滑坡-堰塞湖灾害之间的级联关系和因果效应。

结果显示，研究区内堰塞湖风险点大约有 3093 处，主要分布于绵竹市、什邡市、彭州市及都江堰市东侧的近断裂带处，以及汶川县、茂县及平武县的陡坡山谷区。堰塞湖风险点的坝体高度多介于 80～200m。研究区范围内存在堰塞湖淹没风险的面积约为 715.69km², 淹没深度在 20～80m 的淹没面积所占比例为 51.49%，淹没深度小于 100m 的淹没面积所占比例为 85.00%；在淹没频次上，遭遇小于 3 处及小于 10 处堰塞湖滞水淹没影响的淹没面积所占比例分别为 65.69% 及 88.11%。

研究中的堰塞坝的高度采用 L-D RGA 统计模型进行估算，模拟结果与实际情况相对比较吻合，研究方法对堰塞湖风险识别具有良好的适用性。模拟所得的堰塞坝高度和淹没情况只能基本反映研究区内堰塞湖风险点上游滞水淹没的大致情况，不能很好地体现堰塞坝在具体形成过程中的差异性及极端现象。

　　堰塞湖的形成与物源条件、地形条件、河道特征及水流特征等诸多因素相关。第 6 章对堰塞湖风险点的识别主要基于大型滑坡（体积在 $10^6 m^3$ 以上）堵江体量，并未对河道的特征及水流特性加以考量，即堰塞湖风险点的识别存在 4 个前提假设：①滑坡岩土体能运动至河道则默认其可以形成堰塞湖；②在水流量漫顶之前堰塞湖不存在溃决情况；③其他小型滑坡岩土体入河对堰塞湖形成无影响；④相近的堰塞湖风险点相互独立。因此，在以后的区域堰塞湖风险点识别中，可以进一步采用科学方法对 4 个前提假设加以考量或论证，以降低堰塞湖风险点识别的不确定性，提高识别精准度。

| 第 7 章 | 地震–滑坡–堰塞湖灾害链风险评估

自然灾害是威胁人类社会可持续发展的重大问题，以应急救灾为主的灾后管理模式已经难以应对未来不断增大的灾害风险，开展有效的灾害风险评估与管理是预防自然灾害、减轻灾损的重要途径（刘燕华等，2005）。随着世界对防灾减灾及风险管理认识的逐渐增强，近二十年来，多灾种风险防范与管理战略受到各国政府与科学界越来越多的关注，并被纳入重点研究范畴（UN-ISDR，2005；IPCC，2012）。多灾种风险研究及管理成为目前灾害风险研究的重要课题。灾害链是多灾种类型中体现灾害间因果关系的重要类型，相关的风险评估技术方法仍处于不断探索之中。第 7 章将基于灾害风险理论，以及灾害链多灾种级联传递成险机制，尝试探讨灾害链风险评估技术方法，并进行研究区示范应用。

7.1 灾害链多灾种成险机制

灾害链是多种灾害之间明确存在因果关系，并在时间和空间上连续扩展的灾害事件集（郭增建和秦保燕，1987；史培军，1991；黄崇福，2006；Delmonaco et al.，2006；Carpignano et al.，2009）。灾害链成险过程体现为一种灾害发生后，上级灾害的某些要素会继发导致下级灾害发生，并对下级灾害的强度和可能造成的损失产生决定性影响，从而不仅使原生灾害自身对人口、经济、社会和生态环境产生风险，也使原生灾害存在诱导并影响次生灾害发生，并进而对人口、经济、社会及生态环境产生二次、三次等多次影响的过程。在这个过程中，上下级灾害的风险传递主要体现在两个方面：①通过上级灾害的部分要素协同环境致灾因子，直接影响下级灾害致灾因子的危险性（灾害的概率及强度）；②通过影响下级灾害强度，影响下级灾害的损失率。

7.1.1 灾害链风险评估技术理论

灾害链风险是多级灾害致灾因子风险及承灾体损失风险的综合。灾害链风险研究以单种灾害的风险研究为基础。根据自然灾害风险理论，单个自然灾害的损失风险是致灾因子危险性及承灾体易损性的乘积，并表达为

$$R = H \times V \tag{7-1}$$

式中，R 为风险；H 为致灾因子危险性；V 为承灾体易损性。

式（7-1）物理意义是风险源作用于人类社会的承灾体，由于承灾体暴露于自然灾害之中，依据灾害强度的不同，承载体会存在一定的易损性，因此产生风险。

灾害链风险是具有链式效应的多个灾害风险的综合，其在具体的表达式上，可统一表示为

$$R_c = f(R_1, R_2, R_3, \cdots, R_n) \tag{7-2}$$

式中，R_c 是灾害链综合风险；R_1，R_2，R_3，$\cdots$，R_n 分别是第 1，第 2，第 3，$\cdots$，第 n 种灾害的单灾种风险。由于灾害链多灾种之间存在一定的级联激发效应及时空风险的叠合性，灾害链多灾种综合风险可能存在一定的放大或缩小效应。

一般而言，灾害链下级灾害直接由上级灾害的某些要素触发，但在灾害传递的过程中，同时受环境致灾因子的共同作用。例如，地震发生之后，地震能量作用于地表，致使地表发生一定程度的永久位移，这体现了原生地震动因子对坡体的作用，但只有协同斜坡及脆弱岩土环境，才会致使坡体失稳，形成滑坡。同时，降水的共同作用，可以增强不稳定坡体的剪切力，加剧滑坡灾害的形成。因此，下级灾害的发生除了受上级灾害的激发要素作用外，同时也受环境致灾因子的协同作用。两者共同影响并决定下级灾害发生的概率和强度，同时影响下级灾害强度下的灾害损失率。

依据灾害风险理论，灾害链风险研究需要综合考虑上级致灾因子和孕灾环境双方面的影响。灾害链各灾种在时空上存在一定的叠合性，承载体具体受哪种灾害直接影响很难从根本上分辨，甚至大部分承载体是受多重灾害的共同作用。因此，本书主要探讨滞后型灾害链及其风险。与原生灾害共同发生的次生灾害的风险在本书中均视为原生灾害风险。故滞后型灾害链的风险表达为

$$R_c = R_1 + k_1 l_2 R_2 + k_2 l_3 R_3 + \cdots + k_{n-1} l_n R_n \tag{7-3}$$

式中，R_c 为灾害链综合风险；R_1，R_2，R_3，$\cdots$，R_n 分别是第 1，第 2，第 3，$\cdots$，第 n 种灾害的单灾种风险；k 和 l 为修正系数。其中，k 为上级灾害对其下级灾害的作用影响，k_{n-1} 为第 $n-1$ 级灾害对第 n 级灾害的影响；l 为滞后型下级灾害自身的孕灾环境（当地气象、水文、地质、地形及人类活动等）的作用，l_{n-1} 为 $n-1$ 级灾害的孕灾环境对 $n-1$ 级灾害的控制作用。

依据灾害链风险形成机理，上级灾害及环境致灾因子对后续灾害的影响控制作用主要体现在致灾因子的危险性（灾害发生概率及灾害强度）上，进而影

响不同强度下承灾体的损失率，因此在滞后型灾害链多灾种风险评估中，下级灾害的空间强度和频率与上级灾害存在直接联系，下级灾害的空间损失率也与上级灾害存在关联。次生灾害的易损性表达灾害强度与灾害损失量（率）之间的关系，不会因为灾害发生方式不同而发生本质性变化，因此灾害链上某级灾害的易损性曲线与其单灾种的易损性曲线存在一致性，仅空间位置上的损失率因次级灾害强度的差异而表现出差异性。鉴于此前提，依照"自然灾害风险是致灾因子危险性及承灾体易损性的综合反映"的理论，灾害链风险的定义式可表达为

$$R_c = H_1 V_1 + (k_1 l_2 H'_2) V_2 + (k_2 l_3 H'_3) V_3 + \cdots + (k_{n-1} l_n H'_n) V_n \tag{7-4}$$

可缩写成：

$$R_c = H_1 V_1 + \alpha H'_2 V_2 + \beta H'_3 V_3 + \cdots + \gamma H'_n V_n \tag{7-5}$$

式（7-3）及式（7-4）在实际的风险定量分析当中，k 和 l 的综合作用为上级灾害和孕灾环境致使下级灾害发生的概率和强度，其综合作用用 α、β、γ 等表示；H' 表示受上级灾害和本级孕灾环境综合影响的致灾因子危险性。

7.1.2　基础数据集

依据灾害风险原理，评价地震地质灾害链风险的数据集应包括灾害链各级灾害危险性数据集及承灾体分布数据集。其中，灾害链各级灾害危险性数据集包括原生地震灾害烈度、次生滑坡灾害发生概率及强度、次生堰塞湖灾害发生概率及淹没深度，相关内容已通过第 4 章、第 5 章及第 6 章建模识别和量化评估获得；承灾体分布数据集在本书中包括人口分布密度和 GDP 分布密度两部分，该数据集来自中国科学院资源环境科学研究数据中心。数据集的详细说明如表 7-1 所示。

表 7-1　地震地质灾害链风险评估基础数据集

数据集	内容	描述	来源
灾害链各级灾害危险性数据集	地震灾害危险性	地震烈度	中国地震局
	滑坡灾害危险性	滑坡发生概率及强度	滑坡概率在第 4 章计算获得 滑坡强度在第 5 章计算获得
	堰塞湖灾害危险性	堰塞湖发生概率与淹没深度	淹没概率和淹没深度在第 6 章计算获得

数据集	内容	描述	来源
承灾体分布 数据集	人口分布密度	2010 年 1km×1km 栅格数据	中国科学院资源环境科学研究数据中心
	GDP 分布密度	2010 年 1km×1km 栅格数据	中国科学院资源环境科学研究数据中心

7.2 灾害链地震链节风险

7.2.1 地震灾害的危险性

地震的危险性是指地震发生的概率和强度，对于已经发生的地震而言，则主要为地震的强度。本书以汶川地震为例，汶川地震的震级为8.0级，地震的高危险性地区主要分布于汶川县映秀镇和北川羌族自治县两个强度较大地震烈度区。研究区内，最小的地震烈度为Ⅶ度，最高的地震烈度达Ⅺ度。Ⅺ度、Ⅹ度、Ⅸ度、Ⅷ度及Ⅶ度区的面积分别为 2419km^2、3144 km^2、7738 km^2、27 786 km^2 及 84 449 km^2，分布范围描述如表7-2 和图7-1 所示。

表7-2　汶川地震各烈度区信息描述

烈度	烈度区 面积/km^2	描述
Ⅺ度	2 419	以四川省汶川县映秀镇和北川羌族自治县县城为两个中心呈长条状分布，其中映秀Ⅺ度区沿汶川县—都江堰市—彭州市方向分布，长轴约66km，短轴约20km；北川Ⅺ度区沿安县—北川羌族自治县—平武县方向分布，长轴约82km，短轴约15km
Ⅹ度	3 144	呈北东向狭长展布，长轴约224km，短轴约28km，东北端达四川省青川县，西南端达四川省汶川县
Ⅸ度	7 738	呈北东向狭长展布，长轴约318km，短轴约4km，东北端达甘肃省陇南市武都区和陕西省宁强县的交界地带，西南端达四川省汶川县
Ⅷ度	27 786	呈北东向不规则椭圆形状展布，东南方向受地形影响不规则衰减，长轴约413km，短轴约115km，西南端至四川省宝兴县与芦山县，东北端达陕西省略阳县和宁强县

烈度	烈度区 面积/km²	描述
Ⅶ度	面积约 84 449	呈北东向不规则椭圆形状展布，东南向受地形影响有不规则衰减，西南端较东北端紧窄，长轴约 566km，短轴约 267km，西南端至四川省天全县，东北端达甘肃省两当县和陕西省凤县，最东部为陕西省南郑县，最西部为四川省小金县，最北端为甘肃省天水市麦积区，最南端为四川省雅安市雨城区

数据来源：2008 年四川汶川地震，http://amuseum.cdstm.cn/AMuseum/earthquak/6/2j-6-1-20-e.html

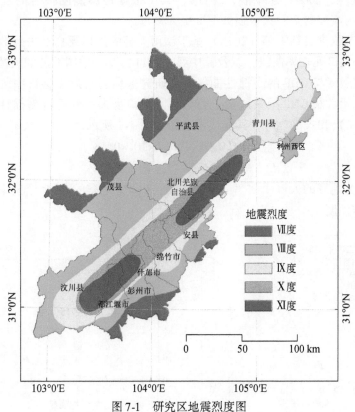

图 7-1　研究区地震烈度图

7.2.2　地震灾害的易损性曲线

地震对人口的影响主要表现为地震动促使房屋倒塌、地面塌陷，从而造成人员死亡或受伤，人口伤亡的情况与当地的人口密度有较强的相关性。地震对社会经济的影响包括直接经济损失、间接经济损失和救灾投入三部分。其中，直接经济损失主要体现在对产业结构等的破坏，如建筑物的破坏、室内财产损失和其他基础设施的破坏损毁等。由于大区域范围的灾害的经济损失量很难依据具体的房屋建筑及基础设施等价值来一一核算，宏观范围的经济生产能力，即 GDP 常被选作经济损失评估对象（陈棋福等，1997；陈颙等，1998）。

    地震灾害易损性表征地震强度与人口或者经济损失的定量关系，地震灾害人口及经济易损性曲线反映人口及经济损失量（率）与地震灾害强度之间的变化关系。在以往的研究中，地震灾害的强度往往以受灾地区地震震级和地震烈度表示（刘吉夫等，2009；徐中春，2011），其中根据地震烈度拟合的震害损失量（率）曲线与实际的空间灾害损失情况更为接近。

    7.2.2 节依据吴绍洪等（2015）基于汶川灾害的人口死亡及失踪数据拟合的地震烈度与人口死亡率曲线，以及徐中春（2011）基于中国地震的灾情目录数据拟合的地震烈度与 GDP 的易损性曲线，对研究区地震地质灾害链中的原生地震灾害的人口死亡及 GDP 损失风险进行估算。人口易损性和经济易损性的表达分别为式（7-6）和式（7-7），其曲线示意图如图 7-2 所示。

$$L_{\text{peop}} = 1/(0.01 + 1.534 \times 10^8 \times 0.13^I) \tag{7-6}$$

$$L_{\text{GDP}} = 0.0006 \times e^{0.618I} \quad R^2 = 0.8845 \tag{7-7}$$

式中，L_{peop} 为地震的人口死亡率，单位为%；L_{GDP} 为地震的 GDP 损失率，单位为 1；I 为地震烈度。

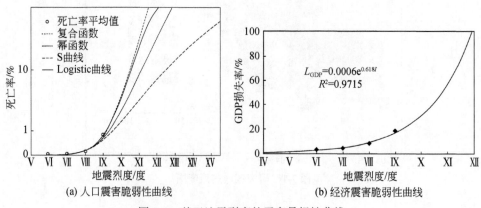

(a) 人口震害脆弱性曲线   (b) 经济震害脆弱性曲线

图 7-2   基于地震烈度的震害易损性曲线

    由图 7-2 及式（7-6）、式（7-7）可以看出，靳京（2015）拟合的地震人口死亡率曲线为 Logistic 函数，当地震烈度超过Ⅵ度并不断增强时，地震灾害的人口死亡率迅速增加；当地震烈度为Ⅸ度、Ⅹ度、Ⅺ度时，人口的损失率分别为 0.61%、4.52%、26.67%。徐中春（2011）拟合的地震烈度与 GDP 损失率曲线呈指数正相关关系，随着地震烈度增大，GDP 损失率逐渐上升。当地震烈度为Ⅸ度、Ⅹ度、Ⅺ度时，GDP 损失率分别为 15.62%、28.98%、53.76%。

7.2.3 地震灾害风险评估

依据自然灾害风险理论，地震灾害的风险为各震级强度下暴露人口数量和经济总量分别与各自损失率的乘积。图 7-3 为汶川地震灾害的人口死亡风险与 GDP 损失风险的空间分布。由图 7-3 可见，研究区内平武县东南部、北川羌族自治县东部、安县、绵竹市及都江堰市等地区人口死亡风险较大。研究区内最大人口死亡风险可达 475 人/km²。研究区内，经济损失较为严重的地区主要集中于绵竹市和什邡市，都江堰市的经济损失风险也较高。研究区内最大 GDP 损失风险为2134.82 万元/km²。

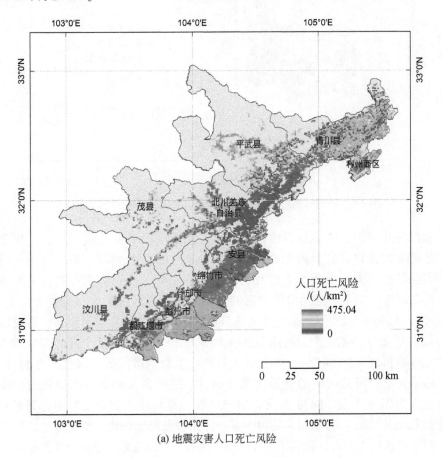

(a) 地震灾害人口死亡风险

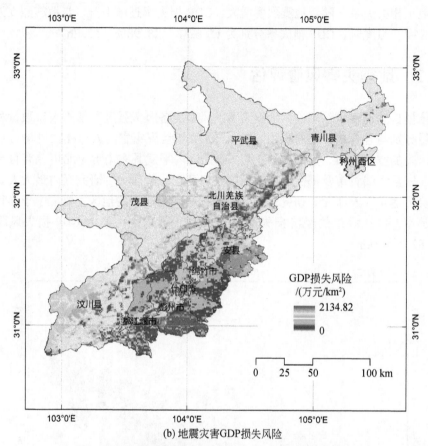

(b) 地震灾害GDP损失风险

图 7-3　研究区地震灾害人口死亡及 GDP 损失风险的空间分布

根据各县（市、区）地震灾害人口死亡人数统计结果（表 7-3），北川羌族自治县的最大人口死亡风险最高，超过 400 人/km²，彭州市、都江堰市、汶川县、安县等县（市）的最大人口死亡风险均在 100 人/km² 以上；北川羌族自治县、都江堰市、安县、彭州市等地区的平均人口死亡风险较大，分别为 7.5 人/km²、3.1 人/km²、2.7 人/km²、2.6 人/km²。对于人口死亡总量而言，研究区内人口死亡总量为 50 434 人，与截至 2008 年 5 月 29 日的研究区十县（市）的人口死亡统计数据值（56 881 人）相比，人口死亡总量稍微偏低，误差率为 11.3%。评估结果显示，研究区内的北川羌族自治县、平武县及安县的人口死亡总量最大，分别为 21 633 人、8478 人及 4734 人。但是区域内人口死亡空间分布差异性最大的几个县（市）为北川羌族自治县、彭州市及都江堰市 [图 7-4（a）]。

对于经济损失而言，研究区内什邡市、绵竹市、都江堰市及彭州市的平均 GDP 损失风险较大，分别为 171.61 万元/km²、141.01 万元/km²、134.98 万元/km² 及

123.84万元/km²（表7-3）。这四个市的GDP损失总量也最大，分别为199 072.09万元、241 120.69万元、217 727.44万元及239 746.29万元；各市GDP损失风险差异性较其他县（市、区）而言也更为显著［图7-4（b）］。研究区的GDP损失总量为1 169 659.5万元。

表7-3　各县（市、区）地震灾害人口死亡和GDP损失风险统计

县（市、区）	最大人口死亡风险/（人/km²）	平均人口死亡风险/（人/km²）	人口死亡总量/人	最大GDP损失风险/（万元/km²）	平均GDP损失风险/（万元/km²）	GDP损失总量/万元
平武县	93	1.5	8 478	1 670.89	3.63	29 761.89
青川县	13	0.5	1 393	735.34	4.88	19 745.48
利州西区	1	0.1	33	171.45	6.07	2 666.48
茂县	20	0.1	432	548.60	3.28	17 264.39
北川羌族自治县	475	7.5	21 633	1 447.58	11.24	44 799.83
安县	102	2.7	3 694	824.53	45.49	85 921.86
汶川县	144	1.2	4 734	763.97	13.00	71 833.04
绵竹市	72	1.9	2 316	1 305.80	141.01	241 120.69
什邡市	16	0.4	348	1 734.34	171.61	199 072.09
彭州市	275	2.6	3 704	1 272.56	123.84	239 746.29
都江堰市	130	3.1	3 669	2 134.82	134.98	217 727.44
研究区	475	1.9	50 434	2 134.82	32.65	1 169 659.5

注：平均值为全县（市、区）的平均值，无人口的地区亦参与统计

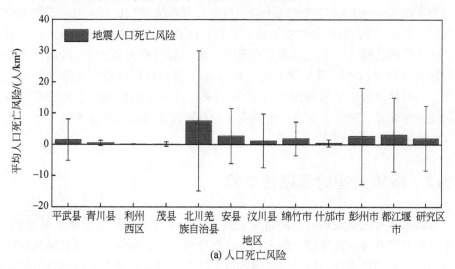

(a) 人口死亡风险

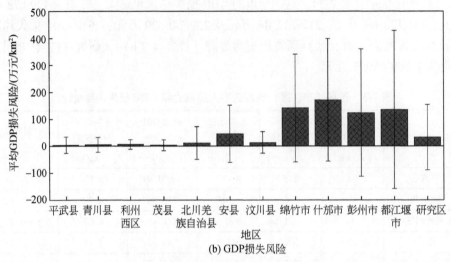

(b) GDP损失风险

图7-4　各县（市、区）地震灾害人口死亡及GDP损失风险空间差异性

7.3　灾害链滑坡链节风险

7.3.1　滑坡灾害的危险性

　　灾害链滑坡灾害的危险性是指地震灾害发生后滑坡灾害发生的概率及强度。根据第4章Newmark模型的研究结果，当永久位移超过121.8cm时，滑坡的概率即可以达到0.272，为最易发生滑坡的不稳定斜坡。研究中，识别最大滑坡概率风险区为滑坡物源区，因此本章节地震引发的滑坡概率为0.272。滑坡灾害强度为滑坡的堆积量，依据第5章RockFall Analyst模型分析的滑坡运动堆积和汇集特征，得到的滑坡汇集量如图5-11所示。网格的滑坡体量由汇聚面积与滑坡体积的关系来转化。因此，本书中滑坡灾害的危险性为第4章和第5章评估所得的滑坡发生概率和发生强度。

7.3.2　滑坡灾害的易损性曲线

　　滑坡灾害对人口及社会经济造成的损失主要体现为不稳定坡体滑动过程中，岩土体所经之处地基失稳造成的人口伤亡与经济设施的损毁，以及滑坡残积体堆积过程中对堆积位置的人口及经济体的掩埋损失。滑坡易损性曲线体现滑坡强度与承灾体损失率之间的关系；滑坡强度经济损失易损性研究，一般体现为两种：
①滑坡体积与承灾体损失量（率）之间的关系；②滑坡面积与承灾体损失率之
间的关系。由于人们一般能采取一定措施规避滑坡风险，相关损失数据并不丰
富，滑坡的易损性分析研究成果相对较少。

本书引用 Lin 等（2017）基于中国 2003~2012 年的 100 例滑坡事件数据拟合的
滑坡人口死亡易损性曲线评估滑坡风险，滑坡灾害的人口死亡易损性曲线如图 7-5
（a）所示，各级滑坡强度下的滑坡人口死亡量计算公式如式（7-8）所示。

$$C = 3.681V_{\mathrm{L}}^{0.155} \quad R^2 = 0.973 \tag{7-8}$$

式中，C 为滑坡灾害的人口死亡量，人；V_{L} 为滑坡体积，m^3。滑坡人口死亡易
损性曲线显示，随着滑坡体积的增大，人口死亡数量急剧上升，当滑坡体积达到
$1 \times 10^5 \mathrm{m}^3$ 时，人口死亡量 22 人；当滑坡体积达到 $1 \times 10^6 \mathrm{m}^3$ 时，人口死亡量约 33
人；当滑坡体积达到 $1 \times 10^7 \mathrm{m}^3$ 时，人口死亡量约 55 人。

运用 Galli 和 Guzzetti（2007）基于建筑及道路等基础设施等损失数据，进行
滑坡面积与 GDP 损失的易损性曲线拟合，其拟合所得的滑坡灾害的 GDP 损失易
损性曲线如图 7-5（b）所示，各级滑坡强度下的滑坡 GDP 损失率计算公式如式
（7-9）所示。

$$R_{\mathrm{L\_GDP}} = 0.1154\ln(V_{\mathrm{A}}) - 0.4053 \quad R^2 = 0.3183 \tag{7-9}$$

式中，$R_{\mathrm{L\_GDP}}$ 为滑坡灾害的 GDP 损失率；V_{A} 为滑坡面积，单位为 m^2。当滑坡
面积小于 $1 \times 10^4 \mathrm{m}^3$ 时，随着滑坡面积的增大，GDP 损失率迅速上升；当滑坡
面积达到 $1 \times 10^4 \mathrm{m}^3$ 以上时，滑坡造成的 GDP 损失率增速减缓，且基本维持在
$0.7\% \sim 1\%$。

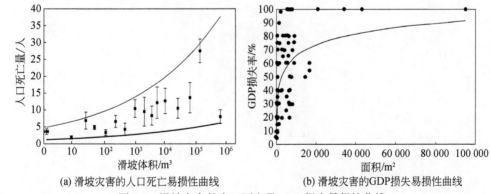

(a) 滑坡灾害的人口死亡易损性曲线　　　　(b) 滑坡灾害的GDP损失易损性曲线

图 7-5　滑坡灾害的人口死亡及 GDP 损失易损性曲线

7.3.3 滑坡灾害风险评估

基于自然灾害风险理论，滑坡灾害造成的风险为震致滑坡灾害发生概率、发生强度、承灾体暴露度（人口密度及 GDP 密度）及滑坡灾害强度下的损失率的乘积。由于研究所用的人口死亡易损性曲线是关于死亡数量（而非死亡率）的曲线，对于西部人口密度较低，估算的人口死亡数大于实际本地居民数的网格，采用当地的单位面积人口总数表征人口死亡的风险值。计算所得的研究区内滑坡灾害人口死亡风险及 GDP 损失风险的空间分布如图7-6 所示。

由图7-6 可以看出，滑坡灾害的人口死亡风险和 GDP 损失风险主要分布于山区地带。因山区人口分布稀疏，滑坡风险分布也相对零散，甚至呈条带状分布，即与当地居民沿河谷的分布一致。人口损失量在单位面积（1km²）上的最大值约为14 人，高风险区在整个研究区内呈零星分布 [图7-6 （a）]。

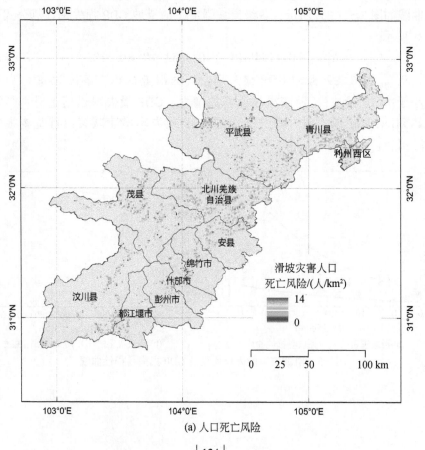

(a) 人口死亡风险

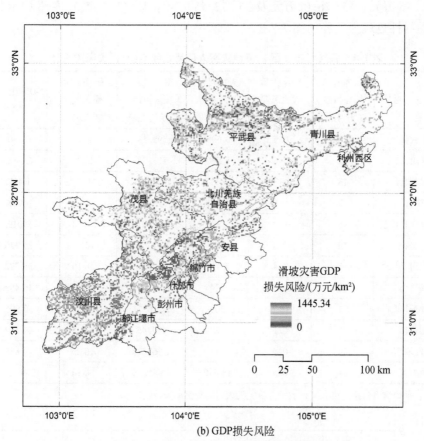

(b) GDP损失风险

图7-6　研究区滑坡灾害人口死亡及GDP损失风险的空间分布

　　单位网格最大人口死亡风险出现在平武县和都江堰市；利州西区及北川羌族自治县的平均人口死亡风险最大，平均1km²有1人及以上可能遭遇滑坡灾害风险。北川羌族自治县、平武县、青川县、茂县、汶川县人口死亡总量最大，分别为3985人、3698人、2590人、2491人、2112人面临风险（表7-4）。于研究区范围而言，18 312人存在遭遇滑坡的风险，1km²滑坡灾害造成的人口死亡风险量约为0.5人。利州西区、北川羌族自治县、青川县等县（市）内部的滑坡人口死亡风险差异性较为显著［图7-7（a）］。

　　研究区内GDP损失风险较高的地区主要分布在安县、绵竹市及什邡市的西侧傍山地带［图7-6（b）］。研究区内最大GDP损失风险为1445.34万元/km²。什邡市、绵竹市、彭州市、安县及汶川县的平均GDP损失风险最大，分别为60.43万元/km²、37.52万元/km²、31.08万元/km²、10.52万元/km²及9.15万元/km²；这些地区的GDP损失总量分别达50 905.83万元、46 482.13万元、

44 542.86 万元、15 226.02 万元及 35 772.45 万元；县（市、区）内部 GDP 损失风险差异性也最为显著 [图 7-7 (b)]。

表 7-4　各县（市、区）滑坡灾害人口死亡和 GDP 损失风险统计

县（市、区）	最大人口死亡风险 /（人/km²）	平均人口死亡风险 /（人/km²）	人口死亡总量 /人	最大 GDP 损失风险 /（万元/km²）	平均 GDP 损失风险 /（万元/km²）	GDP 损失总量 /万元
平武县	14	0.5	3 698	592.58	1.18	6 980.00
青川县	12	0.6	2 590	171.78	0.81	2 363.07
利州西区	13	1.8	833	293.12	4.58	1 497.75
茂县	13	0.5	2 491	328.99	1.81	6 958.58
北川羌族自治县	13	1.0	3 985	399.01	3.13	9 019.24
安县	12	0.5	970	951.56	10.52	15 226.02
汶川县	13	0.4	2 112	1 445.34	9.15	35 772.45
绵竹市	12	0.3	524	1 097.55	37.52	46 482.13
什邡市	11	0.2	203	1 216.71	60.43	50 905.83
彭州市	9	0.1	228	924.45	31.08	44 542.86
都江堰市	14	0.4	678	1 367.99	16.67	19 885.94
研究区	14	0.5	18 312	1 445.34	9.14	239 633.87

注：平均值为全县（市、区）的平均值，无人口的地区亦参与统计

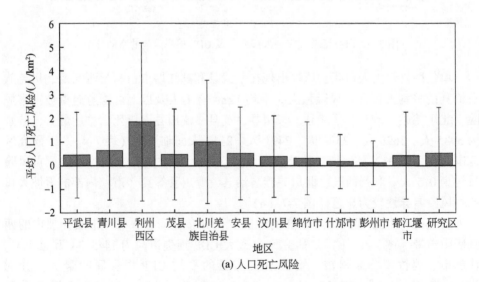

(a) 人口死亡风险

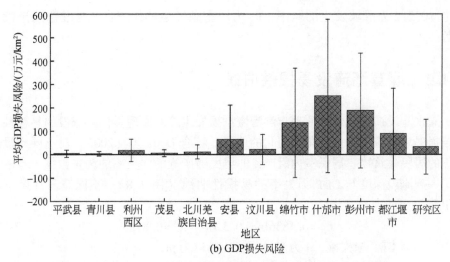

(b) GDP损失风险

图7-7 各县（市、区）滑坡灾害人口死亡及GDP风险空间差异性

7.4 灾害链堰塞湖链节风险

堰塞湖灾害风险包括上游滞水淹没风险及溃决后导致的下游溃决洪水风险。本章节中只考虑了上游滞水淹没风险。滞水淹没的过程是循序增水的过程，淹没区居民有相对充分的时间采取避险措施，因此滞水淹没的人口死亡风险在本章节中暂时不做考虑。滞水淹没风险与内涝风险较为一致，由于淹水导致室内财产、基础设施、生产设备大部分存在生锈、腐坏、飘走等风险，如供电、通讯、输油（气）设施、输水设施、管线破坏的损失，以及居民房屋、财产的损失等，淹没的经济风险较大。随着淹没深度的变化，损失率也不断增加。

7.4.1 堰塞湖灾害的危险性

堰塞湖的滞水淹没危险性，是地震-滑坡-堰塞湖灾害链过程中，震致滑坡堵江导致上游滞水淹没的概率和淹没强度。本书中，堰塞湖滞水淹没强度以滞水淹没的最大深度来表征 [图6-6（a）]；堰塞湖滞水淹没的概率以某地可能遭遇堰塞湖淹没的风险次数 [图6-6（b）] 为基础，且假设单次堰塞湖不溃决的概率为0.5，因此该处堰塞湖积水淹没的概率为多次淹没概率的总和，最大概率不超过1。堰塞湖的形成是在滑坡发生的情况下才能诱发，因此受淹没风险的概率表达式为

$$P_{f_D} = \max \left[\ (0.272 \times (0.5N), \ 1) \right] \tag{7-10}$$

式中, 0.272 为滑坡发生的概率; P_{f_D} 为堰塞湖发生的概率; N 为堰塞湖淹没的次数。

7.4.2 堰塞湖淹没易损性曲线

滞水淹没损失风险的原理与洪涝淹没损失风险的原理类似。淹没的易损性是一条损失率随淹没深度变化而变化的曲线。综合 Dutta 等 (2003) 对不同淹没高度下的居民建筑物、居民室内财产、非居民财产等的损失率的调查数据, 本书拟合了一条淹没深度与 GDP 损失率的易损性曲线 (图 7-8)。不同淹没深度下的 GDP 损失率的表达式为

$$L_{\mathrm{R}} = 0.1836\ln d + 0.3288 \quad R^2 = 0.8785 \tag{7-11}$$

式中, L_{R} 为 GDP 损失率; d 为淹没深度, 单位为 m。

依据式 (7-11) 可知, GDP 损失率与淹没深度之间呈对数关系。当洪水淹没深度低于 2m 时, 随淹没深度的增加, GDP 损失率会有一个快速增长的过程; 当淹没深度超过 2m 后, 随淹没深度的增加, GDP 损失率的增长逐渐放缓, 且最终保持在 70% 左右。

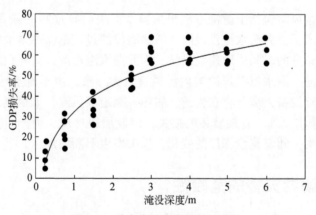

图 7-8 洪水淹没灾害易损性曲线

7.4.3 堰塞湖淹没风险评估

基于自然灾害风险理论, 堰塞湖灾害造成的风险为地震–滑坡–堰塞湖灾害链末端堰塞湖滞水淹没的概率、承灾体的暴露度 (GDP 密度) 及堰塞湖不同淹没强度 (淹没深度) 下的 GDP 损失率的乘积。堰塞湖滞水淹没概率的表达式如

式（7-10）所示，堰塞湖淹没深度为图6-6（a），计算所得的研究区堰塞湖灾害GDP损失风险的空间分布，如图7-9所示。

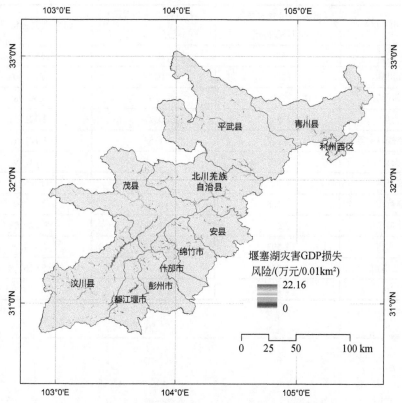

图 7-9　研究区堰塞湖灾害 GDP 损失风险的空间分布

由图 7-9 可知，堰塞湖的淹没范围基本沿山谷分布，呈条带状分布。研究区内大部分地区属于无堰塞湖淹没风险的安全区。对于风险区而言，最大 GDP 损失风险可达到 2216 万元/km²，即对于 1 km² 的淹没范围而言，其 GDP 损失可达2216 万元。

通过对各县（市、区）进行统计（表 7-5），汶川县、都江堰市、北川羌族自治县及什邡市等县（市）存在较大的 GDP 损失风险，GDP 损失总量分别为11 694.07万元、5626.28 万元、4421.57 万元及 3129.08 万元。都江堰市、什邡市、汶川县及北川羌族自治县的平均 GDP 损失风险相对较高，分别达 470 万元/km²、367 万元/km²、287 万元/km² 及 153 万元/km²。在空间的分布差异上，都江堰市、什邡市及汶川县的 GDP 损失风险空间差异性相对明显（图 7-10）。研究区平均GDP 损失风险为 122 万元/km²。在整个研究区范围内，堰塞湖滞水淹没经济损失风险的总量不容忽视，各县（市、区）的 GDP 损失总量超 3.19 亿元。

表 7-5　各县（市、区）堰塞湖灾害 GDP 损失风险统计

县（市、区）	最大 GDP 损失风险 /（万元/km²）	平均 GDP 损失风险 /（万元/km²）	GDP 损失总量/万元
平武县	584	0.10	585.55
青川县	226	0.11	311.50
利州西区	180	1.99	650.98
茂县	1 596	0.71	2 721.58
北川羌族自治县	2 127	1.53	4 421.57
安县	260	0.07	101.79
汶川县	1 384	2.87	11 694.07
绵竹市	1 186	0.74	921.99
什邡市	2 216	3.67	3 129.08
彭州市	1 593	1.23	1 749.90
都江堰市	1 530	4.70	5 626.28
研究区	2 216	1.22	31 914.29

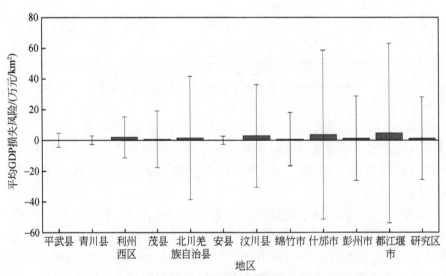

图 7-10　各县（市、区）堰塞湖灾害 GDP 损失风险空间差异性

7.5 地震–滑坡–堰塞湖灾害链综合风险

在地震–滑坡–堰塞湖灾害链各链节灾害风险分析中，根据滞后型灾害链的成险机理，每一级次生灾害均考虑上级灾害对其致灾过程的因果效应（即上级灾害致使下级灾害发生的概率及强度），因此本书分析所得的灾害链风险可以为各级链节灾害风险的总和（表7-6）。将人口死亡风险和GDP损失风险统一单位为人/ km^2 和万元/ km^2 ，经分析，研究区地震–滑坡–堰塞湖（滞水淹没）灾害链的人口死亡风险和GDP损失风险如图7-11所示。

表7-6 各县（市、区）地震–滑坡–堰塞湖灾害链人口死亡及GDP损失风险统计

县（市）	最大人口死亡风险/（人/km^2）	平均人口死亡风险/（人/km^2）	人口死亡总量/人	最大GDP损失风险/（万元/km^2）	平均GDP损失风险/（万元/km^2）	GDP损失总量/万元
平武县	99	2	12 176	1 894.68	5.01	37 327.44
青川县	16	1	3 983	735.34	5.82	22 420.05
利州西区	13	2	866	508.21	12.25	4 815.21
茂县	26	1	2 923	2 144.21	6.17	26 944.55
北川羌族自治县	484	9	25 618	3 084.89	16.17	58 240.64
安县	109	3	4 664	1 377.00	56.25	101 249.67
汶川县	153	2	6 846	1 985.91	24.93	119 299.56
绵竹市	72	2	2 840	2 954.65	179.73	288 524.81
什邡市	25	1	551	4 288.93	236.26	253 107.00
彭州市	275	3	3 932	3 385.32	156.79	286 039.05
都江堰市	139	4	4 347	2 954.20	154.91	243 239.66
研究区	484	2	68 746	4 288.93	43.69	1 441 207.64

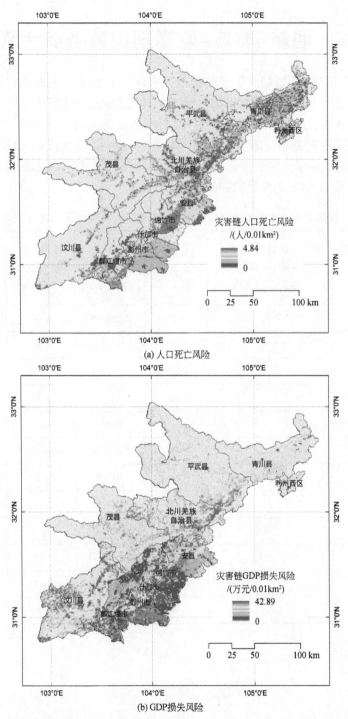

(a) 人口死亡风险

(b) GDP损失风险

图 7-11　研究区地震–滑坡–堰塞湖灾害链人口死亡及 GDP 损失风险的空间分布

　　研究区范围内，地震–滑坡–堰塞湖（滞水淹没）灾害链的人口死亡风险在空间位置上主要分布于东部人口密集的地段，包括都江堰市、彭州市、什邡市、绵竹市、安县及北川羌族自治县等县（市），且在北川羌族自治县分布最为集中。较高的 GDP 损失风险同样位于东南部经济体量相对较高的区域，包括都江堰市、彭州市、什邡市、绵竹市、安县及北川羌族自治县等县（市）。高 GDP 损失风险的位置与高人口死亡风险的位置在空间上并不存在一致性，高人口损失风险区域在广大地区均与山谷条带分布有一定的关系，高 GDP 损失风险的分布则普遍成片分布。其中，北川羌族自治县的人口死亡风险的空间差异性明显；而什邡市、彭州市、都江堰市及绵竹市的 GDP 损失风险的空间差异性相对显著（图7-12）。

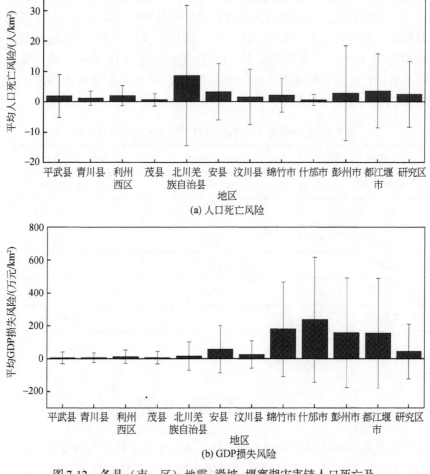

(a) 人口死亡风险

(b) GDP 损失风险

图 7-12　各县（市、区）地震–滑坡–堰塞湖灾害链人口死亡及
GDP 损失风险空间差异性

最大人口死亡风险为 484 人/km², 最大人口死亡风险超过 100 人/km² 的极高风险点在北川羌族自治县、彭州市、汶川县、都江堰市及安县均有分布。研究区平均人口死亡风险为 2 人/km², 北川羌族自治县的平均人口死亡风险最高, 为 9 人/km²。北川羌族自治县、平武县的人口死亡总量较大, 均在 10 000 人以上, 占研究区人口死亡总量的 55% (研究区地震–滑坡–堰塞湖灾害链的人口死亡总量为 6.8746 万人)。

什邡市、彭州市、都江堰市及绵竹市的平均 GDP 损失风险及 GDP 损失总量较大, GDP 损失总量占研究区 GDP 损失总量的 74.3%。各县 (市、区) 内部的人口死亡风险的空间差异性和 GDP 损失风险的空间差异性都相对较大 (图 7-12)。

在瞬时型次生灾害的风险属于原生灾害的前提下, 滞后型地震–滑坡–堰塞湖 (淹没滞水) 灾害链中, 地震灾害及其瞬时次生灾害 (包括链式过程) 对整个灾害链的影响很大, 占灾害链人口死亡总量的比例达 73.36%, 占灾害链 GDP 损失总量的比例可以达 81.16% (表 7-7)。滞后型滑坡灾害占灾害链人口死亡总量的比例为 26.64%, 占灾害链 GDP 损失总量的比例为 16.63%。在不考虑堰塞湖溃决洪水的情况下, 堰塞湖上游滞水淹没的 GDP 损失总量在灾害链风险中的比例为 2.21% (表 7-7)。

表 7-7　灾害链链节灾害人口死亡及 GDP 损失风险比例

灾种	人口死亡总量/人	GDP 损失总量/万元
灾害链风险	68 746	1 441 208
地震风险	50 434	1 169 659.5
比例	73.36%	81.16%
滑坡风险	18 312	239 633.87
比例	26.64%	16.63%
堰塞湖风险	/	31 914.29
比例	/	2.21%

7.6　本章小结

灾害链风险以单灾种风险理论为基础。基于灾害链风险传递成险机理, 灾害链的风险传递主要体现为致灾因子的因果效应 (灾害概率及灾害强度) 及其影响 (不同强度导致的承灾体损失率差异) 传递, 因此灾害链风险包括: ①各链级致灾因子的危险性风险（灾害发生概率与灾害发生强度的风险）；②致灾因子作用于承灾体所带来的损失风险（本书中主要为人口死亡风险及GDP损失风险）。灾害链风险可通过分析上级灾害对下级灾害致灾因子的定量风险传递及其对下级灾害强度下的损失率来加以评估。灾害链多灾种的风险即可视为考虑上下级间因果效应的多个灾种的风险总和。

在研究区内，地震-滑坡-堰塞湖（滞水淹没）灾害链的人口死亡总量为68 746人，其中地震及其瞬时并发次生灾害对总风险的贡献率为73.36%，滞后型滑坡灾害对总风险的贡献率为26.64%。地震-滑坡-堰塞湖（滞水淹没）灾害链的GDP损失总量超144.12亿元，其中地震及其并发次生灾害对总风险的贡献率为81.16%，滞后型滑坡灾害对总风险的贡献率为16.63%，滞后型堰塞湖对总风险的贡献率为2.21%。在具体的位置上，北川羌族自治县、平武县的人口死亡总量较大，占研究区人口死亡总量的55%；什邡市、彭州市、都江堰市及绵竹市的GDP损失总量较大，占研究区GDP损失总量的74.3%。

讨　论

第7章以研究区地震-滑坡-堰塞湖（淹没滞水）灾害链为研究对象，梳理了灾害链风险形成的机理，初探了灾害链风险评估的技术方法。此类灾害链风险研究方法的提出基于一个前提：由于地震灾害易损性曲线无法区分出即时发生的次生灾害的损失，即时发生的灾害链次生灾害的风险均归为原生灾害风险，仅滞后型次生灾害造成的风险属于下级灾害的风险（如汶川地震当时造成的所有风险均归为地震风险，而随后产生的滑坡或堰塞湖的风险才属于次级或下下级灾害风险）。震后的山地灾害有5~10年的频发期（崔鹏等，2008；杨志华，2014；Chen et al.，2016），对于具有明显滞后效应的灾害链而言，该灾害链多灾种风险评估方法对长期的损失估算具有较好的适用性。

在研究区中，本书评估所得的地震风险人口死亡总量为50 434人，与截至2008年5月29日的研究区的人口死亡统计数据值56 881人相比，死亡人数稍微偏低，误差率为12.8%。而对于经济损失部分，本书中所用的经济数据仅为年际GDP空间密度数据，并未考虑所有暴露的财产量及生态环境损失，因此经济损失评估值与政府估算的经济损失不属于同一体系。

根据地震-滑坡-堰塞湖（滞水淹没）灾害链的分析结果，地震对人口死亡风险和GDP损失风险的贡献率分别为73.36%和81.16%；滑坡对人口死亡风险和GDP损失风险的贡献率分别为26.64%和16.63%；堰塞湖滞水淹没对GDP损失风险的贡献率为2.21%。这一结论是在不考虑堰塞湖溃决洪水的情况下得出的。一般而言，溃决洪水风险比滞水淹没风险更大，如果考虑堰塞湖溃决洪水风险，堰塞湖对整条灾害链的风险的贡献率将翻倍。此外，若将伴随地震即时发生的次生灾害的损失剔除，对于地震–滑坡–堰塞湖的灾害链而言，次生滑坡、堰塞湖的损失占比将进一步提高。

对于汶川地震期间的人口伤亡和经济损失，有研究专家估计，其8.7万死亡人口中有近3万人（34%）死于滑坡，因此如若分离出即时次生灾害的影响，考虑滞后型次生灾害的影响，滑坡的人口死亡风险可占链条的50%左右。震后次生滑坡和堰塞湖对人类生命及社会经济损失的影响量值不可小觑。除此之外，研究中所用的地震参数未充分体现北川地区的地震能量释放，因此北川等地区的滑坡危险性及其次生堰塞湖的危险性都存在一定的低估。

第8章 | 多灾种风险管理与防范

中国自然灾害严重，对社会经济影响巨大。复杂的孕灾环境和承灾体分布格局，使多种灾害共生的区域特征日益显现。传统的单灾种评估、防范技术手段和管理模式已经不能完全适应防灾减灾的需求。认识多灾种风险的目的是对此类灾害风险进行有效防范。以单灾种研究的成果为基础，针对不同形式多灾种风险的特点进行设计，尽可能规避多灾种风险。对此，在多灾种风险评估的基础上，第8章进一步分析多灾种风险管理及风险防范的内容。其中，8.1节主要介绍多灾种风险管理的对象、原则和机制；8.2节介绍灾害链、灾害群、灾害遭遇三大多灾种类型的成险机制，并以此为基础，提出对应三大多灾种类型风险防范的"分解、分化、分散"的"三分"技术方法体系；8.3节主要介绍一些目前应对多灾种风险的防范案例。

8.1 多灾种风险管理

多灾种风险研究是在单灾种风险研究的基础上发展起来的，基于单灾种的风险理论机制，多灾种风险研究需要进一步探索灾害之间的因果效应、联合效应、放大效应。类似于多灾种理论机制研究的复杂性和挑战性，多灾种风险管理也是当前的一个新命题，有待进一步探索。总体而言，多灾种风险管理与单灾种风险管理的基础机制是相通的，已发展相对成熟的单灾种风险管理体系，应该成为多灾种风险管理体系的基础。

8.1.1 风险管理对象

多灾种风险管理以管理学、灾害学等相关学科思想为指导，多灾种风险管理对象与单灾种风险管理对象基本一致。依据多个灾种防灾减灾各环节所需调动的要素，多灾种风险管理的对象主要涉及人员管理、资金管理、装备管理、时间管理、信息管理等方面。

1. 人员管理

人员管理是自然灾害风险管理的核心对象之一。从防灾减灾救灾过程的角度来看，人员管理主要涉及以下 4 个部分：①各级灾害防治管理人员和技术人员的管理；②灾害监测预警及群防群测人员的管理；③专家队伍的管理；④救援队伍的管理。相较于单灾种而言，多灾种的人员管理应更加侧重人员之间在时间、空间上的联动合作，人员的联动管理直接影响链发式、群发式及遭遇式多灾种风险管理的成效。

2. 资金管理

资金是多灾种风险管理的重要对象之一。从资金的来源上，灾害防治资金可分为各级财政拨出的资金和社会募捐的救灾资金两类。依据《地质灾害防治条例》，各级政府应当将灾害防治纳入国民经济和社会发展计划，在财政预算中列支。中央财政的灾害防治资金主要用于相应特大型灾害的预防与治理，主要涉及灾害调查评价、监测预警、防治体系、应急体系等建设，并在具体的使用范围、责任分工上接受相关部门的监督管理。此外，为推动全民防灾减灾，国家鼓励并积极推动吸引社会资金参与重大灾害的防治工作，调动社会参与自然灾害防治的积极性。

3. 装备管理

装备管理是灾害风险管理，尤其是灾害应急管理的重要组成内容，灾害防治装备的标准化管理贯穿灾害防治的全过程。在监测预警阶段，监测预警装备的有序使用和管理，可以为有效预防和预报灾害的发生、演进提供判断依据。在应急阶段，应急监测装备、应急调查装备、应急会商设备、应急救援装备等，可支撑救援系统立即响应。除此之外，为确保应对重大灾害的应急物质保障能力，还需要储备一定的应急物资，并及时对防灾救灾物资进行调配管理。

4. 时间管理

灾害风险管理中的时间管理指如何科学合理地利用时间达到最佳防灾救灾效果。灾害的发生具有突发性，从时间上讲，全年都属于防范状态。多灾种体现的是多类灾害的并发规律，故而风险形成往往更为严重。因此，在多灾种的防治上，需要根据灾害之间的相互联系，有针对性地在时间上进行灾害风险管理，如地震发生之后，需要及时启动灾害预案、制定救灾措施，这是防灾救灾的关键；随着时间的推移，在强降水期间要注意加强滑坡灾害的监测与防治；在堰塞湖形成后，需进一步采取相应的引流泄洪措施，防止滞水决堤形成特大山洪造成二次风险。同时，在救援救助时间的把握上，也应更注重时间的紧迫性，以避免因救援不及时而造成重大灾情。

5. 信息管理

信息管理是为一定目标服务而进行的有关信息的收集、加工、处理、传递、储存、交换、检索、使用、反馈等活动的总称。具体来讲，自然灾害风险信息管理的内容主要涉及灾害风险管理信息化建设、灾害信息的收集与传输、灾害信息的开放与保护、灾害信息的开发与利用等方面。相较于单灾种风险信息管理而言，多灾种风险信息管理需要在信息的收集方面重点收集灾害之间的并发关系和风险效应，并进行完备的信息存储。随着现代技术的发展，自然灾害风险信息管理以信息技术为支撑，并为自然灾害风险综合管理提供时效性服务。

8.1.2　风险管理原则

多灾种风险管理原则以单灾种风险管理原则为基础；依据多灾种的并发效应及灾害风险的严峻性，多灾种风险管理更要坚持以防为主、防抗救相结合，坚持常态减灾和非常态救灾相统一的原则；从注重灾后救助向注重灾前预防转变，从应对单一灾种向综合减灾转变，从减少灾害损失向减轻灾害风险转变。在具体的原则上，主要依循以下五点。

1）坚持以人为本，预防为主，避让与治理相结合的原则。加强调查、监测、预警预报、宣传培训等防治工作，变消极被动的应急避灾为积极主动的减灾防灾，使自然灾害的防与治协调统一，最大限度地避免和减轻自然灾害造成的损失。

2）坚持从实际出发的原则。紧密结合工程建设的实际情况和施工总体要求，将防治任务纳入工程开发建设计划。自然灾害防治工作要同工程建设、村镇建设、山区资源开发及生态环境保护与治理相结合，实现社会效益、经济效益、生态效益三大效益相统一。

3）坚持全面规划，突出重点，分阶段实施的原则。重点抓好易发区的自然灾害防治工作，近期主要安排严重威胁工程施工、人员生命财产安全的重要自然灾害点的勘查与治理。做到近期与远期相结合，局部防治与区域环境治理相结合。

4）坚持技术创新和体制创新的原则。坚持群众监测与专业监测相结合，应用新理论研究自然灾害，运用新技术、新方法监测和治理自然灾害，建立适应工程区自然灾害防治工作的科学体系。

5）坚持多渠道筹资的原则。加大自然灾害防治投入力度，按照因工程建设等人为活动引发的自然灾害，由责任单位承担治理责任；因自然因素造成的其他自然灾害确需治理的，根据由政府或业主出资的原则，进行自然灾害的治理工作。

8.1.3 风险管理机制

为加强对各类自然灾害风险的防范和应对管理，中国应急管理部目前已建立了完善的灾害管理联动机制，主要包括灾情预警会商和信息共享机制、灾害应急响应机制、社会参与机制、救灾物资筹备机制、决策指挥机制和责任追究机制等。风险管理机制适用于单灾种风险管理及多灾种风险联动管理。

1. 灾情预警会商和信息共享机制

在预警信息方面，针对各类灾害链、灾害群、灾害遭遇，应急管理部会发布及时的灾害监测预报信息，并与相关部门建立相应的原生灾害、次生灾害、衍生灾害的监测预报预警联动机制，实现相关灾情、险情等信息的实时共享。在信息会商方面，国家减灾委员会建立了相关部门参加的灾情信息会商机制，定期组织召开灾情趋势会商会，分析研判灾害趋势。在信息公布方面，建立了完善的信息公布机制，主要包括授权发布、组织报道、接受记者采访、举行新闻发布会等，及时公开公布灾害种类及其次生灾害、衍生灾害的监测与预警，以及因灾伤亡人员、经济损失、救援情况等。

2. 灾害应急响应机制

根据《中华人民共和国突发事件应对法》《国家自然灾害救助应急预案》，按照自然灾害的危害程度等因素，国家设定四个自然灾害救助应急响应等级，Ⅰ级响应由国家减灾委员会主任统一组织领导，Ⅱ级响应由国家减灾委员会副主任组织协调，Ⅲ级响应由国家减灾委员会秘书长组织协调，Ⅳ级响应由国家减灾委员会办公室组织协调，国家减灾委员会各成员单位根据各响应等级的需要，切实履行本部门的职责。

3. 社会参与机制

自然灾害发生后，当地的各级人民政府或应急指挥机构可根据灾害事件的性质、危害程度和范围广泛调动社会力量积极参与灾害突发事件的处置，紧急情况下可依法征用、调用车辆、物资、人员等。灾区的各级人民政府或相应的应急指挥机构可组织各方面的力量抢救人员，组织基层单位和人员开展自救和互救；临近的省（自治区、直辖市）、市（地、州、盟）人民政府根据灾情组织动员社会力量，对灾区提供救助。依据《自然灾害救助条例》，在自然灾害救助应急期间，县级以上地方人民政府或者人民政府的自然灾害救助应急综合协调机构可以在本行政区域内紧急征用物资、设备、交通工具和场地，自然灾害救助应急工作结束后应当及时归还，并按照国家有关规定予以补偿。鼓励自然人、法人或其他组织（包括国际组织）按照《中华人民共和国公益事业捐赠法》等有关法律、法规的规定进行捐赠和援助。必要时可通过当地人民政府广泛调动社会力量和请求军队参与突发事件的处置，紧急情况下可依法征用、调用车辆、物资、人员等，全力救灾。灾害的严重性、特殊性与复杂性，需要政府以外的广泛主体参与协助，以弥补"政府失灵"现象。例如，2008 年汶川地震发生后，大量民间组织、社会组织积极投身救灾实践，有效促进救灾工作的进展。

4. 救灾物资筹备机制

中国在全国各地区建立了系统的中央救灾物资储备库，储备了帐篷、棉衣、棉被等救灾物资。地方各级人民政府依据各地区灾害的特点和居民人口数量分布，分别建设了省、市、县、乡镇（街道）级救灾物资储备库。目前，全国省级救灾物资仓储面积超过 $3.2 \times 10^5 \mathrm{m}^2$，三百多个地市和两千多个县（市、区）建立了救灾物资储备库系统。中国红十字会也成立了备灾救灾中心，建立了全国红十字会系统备灾救灾物资储备体系。全国备灾救灾物资的采购、收储、分发机制和管理系统基本完善，并不断发展。

5. 决策指挥机制

为防范化解重特大安全风险，健全公共安全体系，整合优化应急力量和资源，推动形成统一指挥、专常兼备、反应灵敏、上下联动、平战结合的中国特色应急管理体制，提高防灾减灾救灾能力，确保人民群众生命财产安全和社会稳定，2018 年，国家安全生产监督管理总局的职责，国务院办公厅的应急管理职责，公安部的消防管理职责，民政部的救灾职责，国土资源部的地质灾害防治、水利部的水旱灾害防治、农业部的草原防火、国家林业局的森林防火相关职责，中国地震局的震灾应急救援职责以及国家防汛抗旱总指挥部、国家减灾委员会、国务院抗震救灾指挥部、国家森林防火指挥部的职责整合，组建应急管理部。由应急管理部组织编制国家应急总体预案和规划，指导各地区各部门应对突发事件工作，推动应急预案体系建设和预案演练。建立灾情报告系统并统一发布灾情，统筹应急力量建设和物资储备并在救灾时统一调度，组织灾害救助体系建设，指导安全生产类、自然灾害类应急救援，承担国家应对特别重大灾害指挥部工作。指导火灾、水旱灾害、地质灾害等防治，总体负责各类灾害救助应急的综合协调，组织领导全国的自然灾害救助工作。

6. 责任追究机制

对在自然灾害救助工作中玩忽职守造成损失的，严重虚报、瞒报灾情的，依据国家有关法律法规追究当事人的责任，构成犯罪的，依法追究其刑事责任。为加强自然灾害救助款物的监督，建立监察、审计、财政、民政、金融等部门参加的救灾专项资金监管机制。各级民政、财政部门对救灾资金管理使用，特别是基层发放工作进行专项检查，跟踪问效。

8.2　多灾种风险防范技术体系

8.2.1　多灾种基本类型

多灾种是具有内在或外在联系的存在并发现象的重大自然灾害，在时空上呈现出一定孕发规律。依据多灾种在时空上的孕发机制及灾害间的相互影响方式，可以分为灾害链、灾害群和灾害遭遇三种主要类型。

灾害链指原生致灾因子诱发其他次生致灾因子，上级灾害与下级灾害之间存在因果关系并产生级联传递效应的多灾种类型。

灾害群指数个互相独立的致灾因子在一定时空上群聚，且存在群发活动现象的多灾种类型，其对承灾体损失产生叠加效应。

灾害遭遇指数个致灾因子活动同时发生，致灾因子之间存在并发关系，形成联合概率的多灾种类型，灾害遭遇对灾情具有放大效应。

表 8-1 列出了灾害链、灾害群、灾害遭遇的主要多灾种灾害类型案例。

表 8-1　主要多灾种灾害类型案例

多灾种类型	案例
灾害链	汶川：地震-滑坡-堰塞湖-溃决洪水灾害链 长江中下游地区：暴雨-洪涝灾害链…
灾害遭遇	珠江三角洲地区：台风-风暴潮-洪涝灾害遭遇 天鸽、莫兰蒂台风：风暴潮-天文大潮-暴雨灾害遭遇…
灾害群	京津冀地区：干旱、洪水、城市内涝、地震等灾害群 陕西：旱涝急转…

8.2.2　多灾种风险防范"三分"技术体系

依据各类多灾种的内涵，区域多灾种重大自然灾害类型的风险形成过程和机制各有不同。灾害链风险为，存在链级传递和因果效应的多致灾因子间链式致灾而产生的综合风险；灾害群风险为，在时空上具有群发性特性的多个独立灾种，对承灾体存在多重打击，而产生的叠加风险；灾害遭遇风险为，存在联合概率的不同致灾因子通过放大效应形成的整体风险。

区域多灾种风险防范与单灾种风险防范类似，同样遵循灾前规避、灾中应急救助、灾后恢复重建的思路。针对灾害链、灾害群、灾害遭遇三大多灾种类型的因果效应、叠加效应、放大效应机制，可以对灾害链风险的因果效应采取降低因果传递风险的分解技术，对灾害群风险的叠加效应采取减轻影响时效风险的分化技术，对灾害遭遇风险的放大效应采取缩小联合概率风险的分散技术。"三分"技术方法体系可以适应各类多灾种类型风险防范，以有效削减多灾种在不同环节上的并发风险（图8-1）。

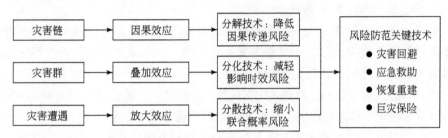

图 8-1　多灾种重大自然灾害风险防范技术体系

1. 灾害链风险的分解技术

灾害链通过灾害与灾害间的级联关系和因果效应进行风险传递，采取不同的工程与非工程措施，缓解灾害链级之间原生灾害能量的传递、转化、再分配作用，是灾害链分解技术的关键。

依据灾害链的演化机制和综合风险形成机制，灾害链原生灾害的发生往往难以控制，因此灾害链风险需要在链式传递过程中，针对灾害链发生的孕灾、激发、损害等不同环节，分别采取不同的技术方式，以断链方式分解风险传递。例如，对于地震–滑坡–堰塞湖灾害链而言，在致灾因子孕发、激发方面，通过工程加固、生态恢复等途径增强边坡的稳定性，降低滑坡灾害发生的概率；通过堰塞湖工程泄流措施，降低堰塞湖的库容量，及时泄洪，防止堰塞湖溃决成灾。在承灾体暴露受损害方面，通过空间优化避灾布局方案、人员避难迁安等降低承灾体暴露度及损失量，进而减少或规避链式灾害的传递风险，降低灾害损失与对社会经济的影响。

2. 灾害群风险的分化技术

依据灾害群的成灾机制，灾害风险防范需要分化多个灾害事件对同一承灾体的多重打击，提高承灾体抵抗灾害群风险的能力，从而降低灾害群对人员安全及社会经济生态环境的影响。对于灾害群而言，分化技术需要重点甄别致灾因子的时空耦合特征和多灾种灾害损失的时空关联。

例如，某地区可能在一定时段同时受多灾种叠加影响，由于多种灾种致灾危险存在非一致性变化规律和叠加性时空特征，针对群发式多灾种类型，需要对所有灾害进行叠加评估,识别灾害群危险的空间分布差异,建立多标准综合设防体系;尤其在灾害预警、应急救助方面提前布防,实现区域灾害群风险防范分化作用。例如,地震、干旱、火灾等多灾种群发区域应在基础设施建设上同时增强各类灾害设防,日常实时监测其各类灾害的群发预兆,一旦存在灾险灾情,应立即对受灾人员进行适当转移安置,开展应急救助联合调配,以分化灾害群的叠加影响。

3. 灾害遭遇风险的分散技术

遭遇式灾害通过放大灾变程度影响灾害人员伤亡及社会经济环境。针对遭遇式多灾种的放大效应,可以从规避灾害易发区域、提高承灾体抗灾能力等方面促使被放大的风险重新回归较为轻微的程度。

在具体的技术方法上,遭遇式灾害风险的分散技术,需要对不同灾害强度风险的状况及其空间分布进行评估,并对不同空间区域的抗风险能力进行评价和重新设防。例如,当风暴潮遭遇天文大潮及洪涝时,针对其风险的放大特性,需要在防潮、排涝等方面,从工程保护、适应调整、空间配置、优化布局等多角度分散灾害遭遇风险的放大效应,进而构建基于适应性处置方法的风暴潮–天文大潮–洪涝灾害遭遇风险分散技术。

8.3　地震地质灾害链风险防范技术案例

灾害链多灾种风险防范主要以断链为核心,依据灾害风险理论,可以从致灾因子和暴露度两方面采取断链措施。对于地震–滑坡–堰塞湖灾害链而言,减少滑坡灾害的发育、堰塞湖灾害的形成,以及降低灾害影响的承灾暴露成为该灾害链断链的主要突破口。遵循灾前规避、灾中应急救助、灾后恢复重建的思路,8.3节主要介绍次生灾害风险排查、断链工程建设、人员迁安、巨灾保险等技术案例。

8.3.1　风险排查

灾害风险是致灾因子危险性、承灾体脆弱性、承灾体暴露度的综合,因此,对于灾害风险内涵的实体部分,风险排查可以从致灾因子危险性和承灾体暴露的重点项目两方面进行风险排查。

1. 致灾因子风险排查

大型地震灾害发生后,形成的危险坡体在数年之内都存在较高的滑坡发育风险,形成的堰塞湖有30%左右在一个月之内不会溃决(Costa and Schuster,

1988），地震地质灾害链表现出长期的链式风险。针对广大区域的致灾因子排查，应充分发挥相关责任部门与当地群众的联合作用，政府引导，群测群防，推进次生灾害风险隐患的全面排查工作。针对致灾因子危险清单，对重点风险隐患点进行监测预警，密切关注滑坡、堰塞湖等次生灾害的发生发展趋势。

2. 重点项目风险排查

在受灾群众和财产等承载体方面，需重点加强对中小学校、幼儿园、卫生院、敬老院、旅游景点、在建工程工地办公区和工人居住区、避灾场所、临建设施等场所的安全检查和巡查工作，切实做到不留盲区、不留死角。对于发现的风险隐患，要立即采取果断措施消除隐患，转移受威胁人员，严防发生灾害灾情。提高预警预报信息发布的时效性和准确性，运用广播、电视、手机短信、网络等多种途径将预警信息发送到户、到人。

8.3.2 断链工程

断链工程主要从"孕源断链"及"弱势环节断链"两个角度出发。其中，"孕源断链"指在灾害形成初期，链式载体——物质、能量和信息处于初始聚集或耦合阶段时，采取一定的措施从源头上遏制灾害的发育。"弱势环节断链"则针对多灾种的不同演化阶段或不同演绎过程，基于灾害发育的薄弱环境（障碍环境），采取措施实现断链减灾。针对地震-滑坡-堰塞湖灾害链，对危险坡体进行边坡防护（主动防护网、护坡工程、植物群落固坡）及对堰塞湖坝体进行疏通，是该灾害链断链工程的主要形式。

1. 边坡防护

边坡防护指对危险坡体进行围护、加固、阻挡等，以实现坡体相对稳定的工程措施。目前，边坡防护主要方法有主动防护网、护坡工程、植物群落固坡等。

（1）主动防护网

主动防护网是以钢丝绳网（或金属网、锚杆、支撑绳、缝合绳、格栅网）等各类柔性网覆盖包裹危险斜坡或岩石，以限制坡面岩土体剥落及危岩崩塌（加固作用），或将落石控制在一定范围内运动（围护作用）的方式。该类工程适应任何坡面地形，具有较高的柔性及高防护强度，易铺展，施工费用低。主动防护网系统材料的特殊制造工艺和高防腐防锈技术，决定了系统的超高寿命。该项措施可将工程对环境的影响降到最低，以充分保护土体、岩石的稳固，便于人工绿化，利于环保。

（2）护坡工程

护坡工程通常为坡面防护和支挡结构防护组合的防护形式。坡面防护常用的措施有灰浆或三合土等抹面、喷浆、喷混凝土、浆砌片石护墙、锚喷护坡、锚喷网护坡等。此类措施主要用于防护开挖边坡坡面的岩石风化剥落、碎落及少量落石掉块等。所防护的边坡应有足够的稳定性，不稳定的边坡应先支挡再防护。支挡结构的类型较多，如挡土墙、锚杆挡墙、抗滑桩等。支挡结构既有防护作用，又有加固坡体的作用。然而，采用工程措施护坡，因追求强度功效，容易破坏生态自然，景观效果差，且随着时间推移，防护工程因老化、风化等原因，后期整治费用较高。

（3）植物群落固坡

植物群落固坡对岩土稳定的保护是有一定限度的，它不能防止深层或厚层岩土的坍塌或滑动。同时，对于高陡边坡而言，若不采取工程措施，植物生长基质难以附着坡面，植物无法生长。因此，植被护坡技术往往与工程措施相结合，以有效实现边坡工程防护与生态环境保护，达到人类活动与自然环境的和谐共处。

总体而言，边坡防护工程只对较小范围的危险边坡具有风险防范作用，如交通沿线、沿河段的临空或高陡边坡等。对于大范围坡体变形，由于边坡防护的成本较高或效用较差等因素，边坡防护并不具有良好的适用性，不如人员迁安方式有效。

2. 堰塞湖排险工程

堰塞坝具有不稳定性，为防止堰塞湖溃决成洪，可以采取系列排险减灾技术对堰塞湖险情进行人为控制，如上游水位调控、开挖/爆破泄流、堰塞坝加固技术等。

（1）上游水位调控

对于在一定时间内具有良好稳定性的堰塞坝体，可对堰塞湖上游水位进行短期调控。通过降低堰塞湖库容、减少堰塞坝体压强，来降低堰塞湖溃决风险。该方法主要有虹吸管降低上游水位、水泵抽排降低上游水位、上游修筑拦水坝等水位调控方式。

（2）开挖/爆破泄洪

对于具有一定的处理时间，具备大型机械施工条件、溃决影响重大的堰塞湖，开挖泄洪通常是堰塞湖风险防范的常用方法。该方法涉及开挖泄流槽、明渠、溢洪道、泄洪道等形式。通过选取堰塞坝体顶部合适位置开凿，溯源冲刷扩大过流断面，加速泄流，降低溃坝水头、水量及流量，削弱水流破坏力，来实现减灾。

爆破工程主要适用于交通困难、两岸山体稳定、堰塞体方量较小、不具备大型机械施工条件或时间紧迫来不及除险的堰塞湖。快速施工爆破技术可以实现堰塞湖分洪的人为干预和控制，避免下游遭遇突发性生命财产威胁。在爆破除险时，需要对下游群众进行避险，同时也要注意防范新的地质灾害产生。

（3）堰塞坝加固技术

若堰塞坝稳定性较强，上游水位也在可控范围内，保坝也是一个排除堰塞湖风险的有效手段。采取一定的工程措施，对坝体进行加固，促使其具备足够的稳定性、防渗能力和安全度，堰塞坝体则可以作为挡蓄水建筑物，改成永久性的水坝和水库，转害为利。

8.3.3　人员迁安

对于已经存在较高灾害风险的地区，搬迁是灾害风险防范的重要手段，可以有效实现灾害风险规避。长期以来，灾害风险区的人员迁安被纳入民政部门、发展与改革委员会、应急部门、生态部门等的搬迁项目中，属于防灾减灾工程治理的重要一环。

搬迁工程坚持科学规划、避灾优先的原则。在实际的搬迁过程中，一般优先搬迁安置受地质灾害、洪涝灾害威胁的群众。移民搬迁规划与当地的社会经济发展规划、土地利用总体规划、城乡统筹发展和新农村建设等规划相衔接。采取以极重安置为主，集中安置和分散安置相结合的搬迁模式。

例如，陕南避灾移民搬迁工程。陕西地处黄土高原，部分地区地质条件复杂，尤其陕西省南部安康市、汉中市、商洛市等地区，经常发生山洪、滑坡、泥石流等灾害，居民难以致富，生命财产安全也受到严重威胁。2011 年年初，陕西省政府启动陕南避灾移民搬迁工程。该项工程为期 10 年，搬迁涉及陕西省南部的安康市、汉中市、商洛市，土地面积超过 $7 \times 10^4 \mathrm{km}^2$，搬迁移民 64 万余农户，人口超 240 万人，该工程被称为中国建国以来最大的移民工程。陕南避灾移民搬迁工程从避灾搬迁角度出发，采取与城镇化、新型工业化和现代农业产业化相结合的搬迁思路，通过人员迁安工程，不仅实现了当地居民生活生产质量的整体提高，更是有效避免了山洪地质灾害的长期影响，成为多灾种风险防范人员迁安工程的经典案例。

8.3.4　多灾种巨灾保险

自然灾害成为人类社会可持续发展面临的重大问题，以政府为主的应急救灾管理模式难以应对不断增大的灾害风险。通过经济手段实现风险转移和社会风险分担的巨灾保险得到全球各界的广泛关注，并逐步发展。巨灾保险通过发挥市场机制的优势，调动社会各方资源共同应对灾害风险，将巨灾风险分担到政府、企业、社区、个人等各个群体组织。目前，国际上的巨灾保险的赔付额平均占灾害直接经济损失的 30% ~ 40%。在美国、日本、英国等巨灾保险制度发达的国家，赔付率甚至在 70% 以上，在全部的经济损失中，巨灾保险发挥了相当重要的作用。在中国，近年的巨灾保险的赔付率不超过 5%。巨灾保险的风险防范能力需要进一步增强。

国内巨灾保险目前主要包括三种类型：民生保障型保险、指数型保险、住宅地震型保险。民生保障型保险一般是一张保单保全市，保障行政区划内的人伤和家财，赔付到人到户；指数型保险则通过指数设计，保障特定灾种，赔付到政府，由政府支配赔款；住宅地震型保险则是自愿购买、政府补贴，保障个人的家庭住宅，通常是保地震。在三类保险中，指数型保险和住宅地震型保险偏向于单灾种风险防范，民生保障型巨灾保险则主要针对多灾种风险防范。当前国内开展的民生保障型巨灾保险试点主要有深圳市、宁波市、厦门市等地。

1. 深圳市试点

2014 年 6 月，深圳市巨灾保险试点作为我国首个民生保障型巨灾保险试点项目正式落地实施。根据《深圳市巨灾保险方案》，该保险由深圳市政府统一投保，保险标的为深圳市全市常住人口和居民住房，保障风险包括台风、地震、洪水等 15 种自然灾害和核事故风险。保险责任包括人身伤亡救助，每人 10 万元，事故限额 20 亿元；核应急救助，每人 2500 元，事故限额 5 亿元；2016 年，增加住房损失补偿责任，每户 2 万元，事故限额 2 亿元。

2. 宁波市试点

宁波市是全国首批巨灾保险试点城市之一，宁波市巨灾保险试点于 2014 年 11 月 6 日正式落地。按照《宁波市巨灾保险试点工作方案》，该保险由宁波市政府统一投保，保险标的为宁波市行政区域范围内全部自然人和居民住房及室内家庭财产，保障风险主要有台风、暴雨和洪水及其次生灾害。保险责任包括人身伤亡抚恤，每人 10 万元，年累计赔偿限额 3 亿元；家庭财产损失救助根据水位线高低赔付，每户 2000 元，年累计赔偿限额 3 亿元。

3. 厦门市试点

2016 年 12 月 1 日，厦门市政府常务会议审议通过《厦门市巨灾保险方案》，在原有自然灾害公众责任保险（2009 年）和农房保险（2006 年）的基础上扩展保障对象、保障灾种及保障责任，提高责任限额。落地实施的民生保障型保险由厦门市政府统一投保，保险标的为厦门市行政区域范围内所有自然人和城乡居民住房及室内家庭财产，保障风险包括地震、台风、洪水等自然灾害，以及家庭火灾、森林火灾、突发公共安全事件等。保险责任包括人身伤亡抚恤，每人 20 万元，年累计赔偿限额 10 亿元；房屋倒损及室内财产补偿，每户 10.5 万元，年累计赔偿限额 10 亿元。

参 考 文 献

曹波,康玲,谭德宝,等.2015.地震诱发堰塞湖下游淹没风险评估方法对比研究[J].武汉大学学报(信息科学版),40(3):333-340.

柴贺军,刘汉超,张倬元.1995a.一九三三年叠溪地震滑坡堵江事件及其环境效应[J].地质灾害与环境保护,6(1):7-17.

柴贺军,刘汉超,张倬元.1995b.中国滑坡堵江事件目录[J].地质灾害与环境保护,6(4):1-9.

常东升,张利民,徐耀,等.2009.红石河堰塞湖漫顶溃坝风险评估[J].工程地质学报,171:50-55.

陈长坤,孙云凤,李智.2009.冰雪灾害危机事件演化及衍生链特征分析[J].灾害学,24(1):18-21.

陈颙,史培军.2007.自然灾害[M].北京:北京师范大学出版社.

陈颙,朱宏任.1991.地震灾害定量化研究[J].国际地震动态,(5):5-9.

崔鹏,马东涛,陈宁生,等.2003.冰湖溃决泥石流的形成、演化与减灾对策[J].第四纪研究,23(6):621-628.

崔鹏,韦方强,陈晓清,等.2008.汶川地震次生山地灾害及其减灾对策[J].中国科学院院刊,23(4):317-323.

地震工程委员会地震损失估计专家小组.1989.未来地震的损失估计[M].国家地震局灾害防御司.北京:地震出版社.

丁彦慧,王余庆,孙进忠.1999.地震崩滑与地震参数的关系及其在边坡震害预测中的应用[J].地球物理学报,42:101-107.

董磊磊.2009.基于贝叶斯网络的突发事件链建模研究[D].大连:大连理工大学.

樊晓一,乔建平.2010.坡场因素对大型滑坡运动特征的影响[J].岩石力学与工程学报,29(11):2337-2347.

郭金铭.2014.四川省人口分布及影响因素分析[D].成都:四川师范大学.

郭增建,秦保燕.1987.灾害物理学简论[J].灾害学,(2):30-38.

国家地震局震害防御司未来地震灾害损失预测研究组.1990.中国地震灾害损失预测研究[M].北京:地震出版社.

黄崇福.2006.综合风险管理的地位、框架设计和多态灾害链风险分析研究[C]//中国灾害防御协会风险分析专业委员会.中国灾害防御协会风险分析专业委员会第二届年会论文集(二).

黄崇福.2009.自然灾害基本定义的探讨[J].自然灾害学报,18(5):41-50.

黄崇福.2012.自然灾害风险分析与管理[M].北京:科学出版社.

黄润秋.2010.汶川地震地质灾害研究[M].北京:科学出版社.

黄润秋.2011.汶川地震地质灾害后效应分析[J].工程地质学报,19(2):145-151.

季宪军.2013.基于PFC3D粘性崩滑土体运动过程研究[D].北京:中国科学院大学.

蒋庆丰,游珍,沈吉,等.2006.山坡泥石流场地易损性评价[J].自然灾害学报,15(1):123-127.

兰恒星,周成虎,王苓涓,等.2003.地理信息系统支持下的滑坡-水文耦合模型研究[J].岩石力学与工程学报,22(8):1309-1314.

黎夏,叶嘉安,刘小平,等.2007.地理模拟系统:元胞自动机与多智能体[M].北京:科学出版社.

李君纯.1996.大坝破坏机理,失事原因及溃决过程的分析研究[J].青海水利发电,(3):31-37.

李天池.1979.地震与滑坡的关系及地震滑坡预测探讨[C]//铁道部科学研究院西北研究所.滑坡文集(第二集).北京:人民铁道出版社.

李文鑫,王兆印,王旭昭,等.2014.汶川地震引发的次生山地灾害链及人工断链效果——以小岗剑泥石流沟为例[J].山地学报,(3):336-344.

李晓杰.2011.强震人员损失评估模型研究与动态评估系统设计[D].北京:中国地震局地震预测研究所.

李禹霏,陈世昌,徐湘涛.2014.贵州都匀马达岭地质灾害链的自动化监测[J].工程地质学报,22(3):482-488.

梁京涛,唐川,王军.2012.青川县重点区域地震诱发地质灾害遥感调查与分析[J].成都理工大学学报(自然科学版),39(5):530-534.

廖小平,徐峻龄,郑静.1993.高速远程滑坡的动力分析和运动模拟[J].中国地质灾害与防治学报,2:28-32.

林达龙,明亮,何胜方,等.2012.基于复杂网络的高校火灾衍生灾害群特征[J].消防科学与技术,31(2):205-206.

刘爱华,吴超.2015.基于复杂网络的灾害链风险评估方法的研究[J].系统工程理论与实践,35(2):466-472.

刘吉夫,陈颙,史培军,等.2009.中国大陆地震风险分析模型研究(Ⅱ):生命易损性模型[J].北京师范大学学报(自然科学版),45(4):404-407.

刘吉夫.2006.宏观震害预测方法在小尺度空间上的适用性研究[D].北京:中国地震局地球物理研究所.

刘建康,程尊兰,佘涛.2016.云南鲁甸红石岩堰塞湖溃坝风险及其影响[J].山地学报,34(2):208-215.

刘健利,温家洪,尹占娥,等.2009.灾害系统模拟技术和方法述评[J].灾害学,24(1):106-111.

刘金龙,林均岐.2012.基于震中烈度的地震人员伤亡评估方法研究[J].自然灾害学报,(5):113-119.

刘静,孙杰,张智慧,等.2010.汶川地震映秀-北川地表破裂带虹口乡段精细填图、位移特征和地震构造分析[J].第四纪研究,30(1):1-29.

刘宁,程尊兰,崔鹏,等.2013.堰塞湖及其风险控制[M].北京:科学出版社.

刘宁.2014.红石岩堰塞湖排险处置与综合管理[J].中国工程科学,16(10):39-46.

刘文方,李红梅.2014.基于熵权理论的斜坡地质灾害链综合评判[J].灾害学,29(1):8-11.

刘文方,肖盛燮,隋严春,等.2006.自然灾害链及其断链减灾模式分析[J].岩石力学与工程学报,25(1):2675-2681.

刘希林,莫多闻,王小丹.2001.区域泥石流易损性评价[J].中国地质灾害与防治学报,(2):7-12.

刘燕华,葛全胜,吴文祥.2005.风险管理:新世纪的挑战[M].北京:气象出版社.

刘洋.2013.基于RS的西藏帕隆藏布流域典型泥石流灾害链分析[D].成都:成都理工大学.

马玉宏,谢礼立.2000.地震人员伤亡估算方法研究[J].地震工程与工程振动,20(4):140-147.

马宗晋,高庆华.2001.中国21世纪的减灾形势与可持续发展[J].中国人口·资源与环境, 11(2):122-125.

马宗晋,赵阿兴.1991.中国近40年自然灾害总况与减灾对策建议[J].灾害学,6(1):19-26.

潘家铮.1980.建筑物的抗滑稳定和滑坡分析[M].北京:水利出版社.

潘懋,李铁锋.2002.灾害地质学[M].北京:北京大学出版社.

乔建平.2006.山洪、滑坡、泥石流灾害监测预警[J].中国减灾,(6):12-15.

乔建平.2014.大地震诱发滑坡分布规律及危险性评价方法研究[M].北京:科学出版社.

裘江南,刘丽丽,董磊磊.2012.基于贝叶斯网络的突发事件链建模方法与应用[J].系统工程学 报,27(6):739-750.

石振明,马小龙,彭铭,等.2014.基于大型数据库的堰塞坝特征统计分析与溃决参数快速评估模 型[J].岩石力学与工程学报,33(9):1780-1790.

石振明,熊永峰,彭铭,等.2016.堰塞湖溃坝快速定量风险评估方法——以2014年鲁甸地震形 成的红石岩堰塞湖为例[J].水利学报,47(6):742-751.

史培军.1991.灾害研究的理论与实践[J].南京大学学报,(11):37-42.

史培军.1996.再论灾害研究的理论与实践[J].自然灾害学报,11(4):6-17.

苏胜忠.2011.边坡工程勘察中崩塌落石运动模式及轨迹分析[J].工程地质学报,19(4): 577-581.

孙崇绍,蔡红卫.1997.我国历史地震时崩塌滑坡的发育及分布特征[J].自然灾害学报,6(1): 25-30.

王春振,陈国阶,谭荣志,等.2009."5·12"汶川地震次生山地灾害链(网)的初步研究[J].四川 大学学报(工程科学版),41:84-88.

王静,柴炽章,马禾青,等.2015.近年来南北地震带北段地壳运动特征[J].地震地质,37(4): 1043-1054.

王静爱,史培军,王平.2006.中国自然灾害时空格局[M].北京:科学出版社.

王静爱.2013.区域灾害系统与台风灾害链风险防范模式:以广东为例[M].北京:中国环境科 学出版社.

王世新,周艺,魏成阶,等.2008.汶川地震重灾区堰塞湖次生灾害危险性遥感评价[J].遥感学 报,12(6):900-907.

王翔.2011.区域灾害链风险评估研究[D].大连:大连理工大学.

王自法,Park S,Lee S,等.2014.提高地震灾害损失估计精度的几点研究[J].地震工程与工程 振动,34(4):110-114.

吴绍洪,潘韬,刘燕华,等.2017.中国综合气候变化风险区划[J].地理学报,72(1):3-17.

吴顺川,高永涛,杨占峰.2006.基于正交试验的露天矿高陡边坡落石随机预测[J].岩石力学 与工程学报,25(z1):2826-2832.

吴勇,李自停,李勇健.1997.四川省溪口滑坡运动特征的离散元模拟[J].山地研究,(3): 197-200.

向欣.2010.边坡落石运动特性及碰撞冲击作用研究[D].武汉:中国地质大学(武汉).

肖盛燮, 冯玉涛, 王肇慧, 等. 2006. 灾变链式阶段的演化形态特征. 岩石力学与工程学报, 25(S1): 2629-2633.

辛鸿博, 王余庆. 1999. 岩土边坡地震崩滑及其初判准则[J]. 岩土工程学报, 21(5): 591-594.

邢爱国, 徐娜娜, 宋新远. 2010. 易贡滑坡堰塞湖溃坝洪水分析[J]. 工程地质学报, 18(1): 78-83.

徐梦珍, 王兆印, 漆力健. 2012. 汶川地震引发的次生灾害链[J]. 山地学报, 30(4):502-512

徐中春. 2011. 中国地震灾害风险综合评估[D]. 北京: 中国科学院地理科学与资源研究所.

许强, 董秀军. 2011. 汶川地震大型滑坡成因模式[J]. 地球科学-中国地质大学学报, 36(6): 1134-1142.

许强, 裴向军, 黄润秋, 等. 2010. 汶川地震大型滑坡研究[J]. 工程地质学报, 18(5):644-644.

许树柏. 1988. 实用决策方法:层次分析法原理[M]. 天津: 天津大学出版社.

杨志华. 2014. 强震区滑坡时空分布特征及活跃规律研究——以汶川震区为例[D]. 北京: 中国科学院地理科学与资源研究所.

姚清林. 2007. 自然灾害链的场效机理与区链观[J]. 气象与减灾研究, 30(3): 31-36.

尹光华, 李军, 张勇, 等. 2001. 尼勒克地震滑坡的统计分析及初步研究[J]. 内陆地震, 15(1): 56-63.

尹之潜. 1995. 地震灾害及损失预测方法[M]. 北京: 地震出版社.

余世舟, 张令心, 赵振东, 等. 2010. 地震灾害链概率分析及断链减灾方法[J]. 土木工程学报, 43: 479-483.

曾超, 王可君, 李曙平, 等. 2009. "5·12"汶川大地震公路路基震害浅析[J]. 世界地震工程, (3):164-168.

张卫星, 周洪建. 2013. 灾害链风险评估的概念模型——以汶川5·12特大地震为例[J]. 地理科学进展, 32(1): 130-138.

张业成, 张梁. 1996. 论地质灾害风险评价[J]. 地质灾害与环境保护, 7(3): 1-6.

张永双, 成余粮, 姚鑫, 等. 2013. 四川汶川地震-滑坡-泥石流灾害链形成演化过程[J]. 地质通报, 32(12): 1900-1910.

钟敦伦, 谢洪, 韦方强, 等. 2013. 论山地灾害链[J]. 山地学报, (3): 314-326.

周本刚, 王裕明. 1994. 中国西南地区地震滑坡的基本特征[J]. 西北地震学报,16(1):95-103.

周洪建, 王曦, 袁艺, 等. 2014. 半干旱区极端强降雨灾害链损失快速评估方法——以甘肃岷县"5·10"特大山洪泥石流灾害为例[J]. 干旱区研究, 31(3): 440-445.

周克发, 李雷, 盛金保. 2007. 我国溃坝生命损失评价模型初步研究[J]. 安全与环境学报, 7(3): 145-149.

周庆, 徐锡伟, 于贵华, 等. 2008. 汶川8.0级地震地表破裂带宽度调查[J]. 地震地质, (3): 204-214.

朱伟, 陈长坤, 纪道溪, 等. 2011. 我国北方城市暴雨灾害演化过程及风险分析[J]. 灾害学, 26(3): 88-91.

朱勇辉, 廖鸿志, 吴中如. 2003. 国外土坝溃坝模拟综述[J]. 长江科学院院报, 20(2): 26-29.

Abt S R,Wittler R J,Taylor A,et al. 1989. Human stability in a high flood hazard zone [J]. Journal of the American Water Resources Association,25(4):881-890.

Ambraseys N N, Menu J M. 1988. Earthquake induced ground displacements [J] . Earthquake Engineering and Structural Dynamics,16(7):985-1006.

Arias A. 1970. A measure of earthquake intensity[M]// Hansen R J. Seismic design for nuclear power plants. Cambridge: Massachusetts Institute of Technology Press.

Badal J, Vázquez-Prada M, González Á. 2005. Preliminary quantitative assessment of earthquake casualties and damages [J]. Natural Hazards,34(3):353-374.

Beavan J,Wang X,Holden C,et al. 2010. Near-simultaneous great earthquakes at Tongan megathrust and outer rise in September 2009 [J]. Nature,466(7309):959-963.

Berti M, Simoni A. 2014. DFLOWZ: A free program to evaluate the area potentially inundated by a debris flow [J]. Computers and Geosciences,67:14-23.

Brabb E E. 1984. Innovative approaches to landslide hazard and risk mapping [C]//Proceedings of 4th International Symposium on Landslides. Toronto, Canada: BiTech Publishers, Vancouver.

Bray J D,Rathje E M. 1998. Earthquake-induced displacements of solid-waste landfills [J]. Journal of Geotechnical and Geoenvironmental Engineering,124(3):242-253.

Calais E,Freed A,Mattioli G,et al. 2010. Transpressional rupture of an unmapped fault during the 2010 Haiti earthquake [J]. Nature Geoscience,3(11):794-799.

Carpignano A,Golia E,Di Mauro C,et al. 2009. A methodological approach for the definition of multi-risk maps at regional level:first application [J]. Journal of Risk Research,12(3):513-534.

Carrara A. 1983. Multivariate models for landslide hazard evaluation [J]. Journal of the International Association for Mathematical Geology,15(3):403-426.

Casagli N, Eimini L. 1999. Geomorphic analysis of landslide dams in the northern Apennine [J]. Japanese Geo-morphological Union,20(3):219-249.

Cascini L. 2008. Applicability of landslide susceptibility and hazard zoning at different scales [J]. Engineering Geology,102(3):164-177.

Chauhan S S, Bowles D S, Anderson L R. 2004. Do current breach parameter estimation techniques provide reasonable estimates for use in breach modeling [C]//2004 Annual conf assoc of State Dam Safety Officials,Phoenix,AZ,USA.

Chavoshi S H, Delavar M R, Soleimani M, et al. 2008. Toward developing an expert GIS for damage evaluation after an earthquake(case study:Tehran)//Proceedings of the 5th International ISCRAM Conference,Washington,DC,USA.

Chen H,Lee C F. 2000. Numerical simulation of debris flows [J]. Canadian Geotechnical Journal,37 (1):146-160.

Chen K T,Kuo Y S,Shieh C L. 2014. Rapid geometry analysis for earthquake-induced and rainfall-induced landslide dams in Taiwan [J]. Journal of Mountain Science,11(2):360-370.

Chen Z , Meng X , Yin Y , et al. 2016. Landslide research in China[J]. Quarterly Journal of Engineering Geology & Hydrogeology, 49(4): 279-285.

Chiesa C, Laben C, Cicone R. 2003. An Asia Pacific natural hazards and vulnerabilities atlas[C]. In 30th International Symposium on Remote Sensing of Environment.

Cirella A, Piatanesi A, Cocco M, et al. 2009. Rupture history of the 2009 L'Aquila(Italy) earthquake from non-linear joint inversion of strong motion and GPS data [J]. Geophysical Research Letters, 36(19).

Conroy J E, Kulkarni R B. 1992. Assessment of landslide risk in the Oakland firestorm area to support development of a building permit policy [C]//GIS Lis-International Conference. American Society for Photo grammetry and Remote Sensing, 1:150.

Corominas J, Moya J. 2008. A review of assessing landslide frequency for hazard zoning purposes [J]. Engineering Geology, 102(3):193-213.

Corominas J. 1996. The angle of reach as a mobility index for small and large landslides [J]. Canadian Geotechnical Journal, 33(2):260-271.

Costa J E, Schuster R L. 1988. The formation and failure of natural dams [J]. Geological Society of America Bulletin, 100(7):1054-1068.

Crisci G M, Rongo R, Di Gregorio S, et al. 2004. The simulation model SCIARA: The 1991 and 2001 lava flows at Mount Etna[J]. Journal of Volcanology and Geothermal Research, 132(2-3):253-267.

Crosta G B, Frattini P. 2003. Distributed modeling of shallow landslides triggered by intense rainfall [J]. Natural Hazards and Earth System Science, 3(1/2):81-93.

Cui P, Zhu Y Y, Han Y S, et al. 2009. The 12 May Wenchuan earthquake-induced landslide lakes: distribution and preliminary risk evaluation [J]. Landslides, 6(3):209-223.

Cundall P A. 1971. A computer model for simulating progressive large scale movements in blocky rock systems[C]//Proceedings of the International Symposium on Rock Mechanics, Nancy.

Cutter S L. 1996. Vulnerability to environmental hazards [J]. Progress in Human Geography, 20(4): 529-539.

Davies T R H. 1982. Spreading of rock avalanche debris by mechanical fluidization [J]. International Journal of Rock Mechanics and Mining Sciences and Geomechanics Abstracts, 15(1):9-24.

Delmonaco G, Margottini C, Spizzichino D. 2006. ARMONIA methodology for multi-risk assessment and the harmonisation of different natural risk maps[J]. Deliverable 3. 1. 1, ARMONIA.

Dilley M, Chen R S, Deichmann U, et al. 2005. Natural Disaster Hotspots: A Global Risk Analysis [M]. The World Bank.

Dutta D, Herath S, Musiake K. 2003. A mathematical model for flood loss estimation [J]. Journal of Hydrology, 277:24-49.

Fan J, Li X, Guo X. 2011. Empirical-statistical models based on remote sensing for estimating the volume of landslides induced by the Wenchuan earthquake [J]. Journal of Mountain Science, 8(5): 711-717.

Fan X, Xu Q, Scaringi G, et al. 2017. Failure mechanism and kinematics of the deadly June 24th 2017 Xinmo landslide, Maoxian, Sichuan, China [J]. Landslides, 14(6):2129-2146.

Fannin R J,Wise M P. 2001. An empirical-statistical model for debris flow travel distance[J]. Canadian Geotechnical Journal,38(5):982-994.

Federal Emergency Management Agency (FEMA) . 2011. Getting started with HAZUS-MH 2. 1. Tech. rep. U. S. Department of Homeland Security,Federal Emergency Management Agency [Z/OL]http://www. fema. gov/library/view Record. do? id=5120.

FLO-2D Software Inc. 2007. FLO-2D User' s Manual [Z] . Version 2007. 06.

Freeman J R. 1932. Earthquake Damage and Earthquake Insurance [M] . McGraw- Hill Book Company, New York.

Galli M, Guzzetti F. 2007. Landslide vulnerability criteria: A case study from Umbria, central Italy [J]. Environmental Management, 40 (4): 649-665.

Gaudio D V. 2003. An approach to time-probabilistic evaluation of seismically induced landslide hazard [J] . Bulletin of the Seismological Society of America, 93 (2): 557-569.

Gitis V G, Petrova E N, Pirogov S A. 1994. Catastrophe chains: Hazard assessment [J] . Natural Hazards, 10 (1/2): 117-121.

GNS,NIWA. 2010. Risk Scape-User Manual[Z]. http://riskscape. org. nz/system/files/Riskscape% 20Manual. pdf.

Graham W J. 1999. A Procedure for Estimating Loss of Life Caused by Dam Failure [R] . U S. Bureau of Reclamation, Dam Safety Office, Denver, USA, No. DSO-99-06, 44.

Greiving S, Fleischhauer M, Lückenkötter J. 2006. A methodology for an integrated risk assessment of spatially relevant hazards [J] . Journal of Environmental Planning and Management, 49 (1): 1-19.

Guthrie R H, Evans S G. 2004. Magnitude and frequency of landslides triggered by a storm event, Lough borough Inlet, British Columbia [J] . Natural Hazards and Earth System Science, 4 (3): 475-483.

Guzzetti F , Ardizzone F , Cardinali M , et al. 2008. Distribution of landslides in the Upper Tiber River basin, central Italy [J] . Geomorphology, 96 (1-2): 0-122.

Guzzetti F, Ardizzone F, Cardinali M, et al. 2009. Landslide volumes and landslide mobilization rates in Umbria, central Italy [J] . Earth & Planetary Science Letters, 279 (3-4): 0-229.

Guzzetti F, Reichenbach P, Ghigi S. 2004. Rockfall hazard and risk assessment along a transportation corridor in the Nera Valley, central Italy [J] . Environmental Management, 34 (2): 191-208.

Harp E L, Wilson R C. 1995. Shaking intensity thresholds for rock falls and slides: Evidence from the Whittier Narrows and Superstition Hills earthquake strong motion records [J] . Bulletin of the Seismological Society of America, 85 (6): 1739-1757.

Havenith H B, Bourdeau C. 2010. Earthquake-induced hazards in mountain regions: A review of case histories from central Asia—an inaugural lecture to the society [J] . Geologica Belgica, 13: 135-150.

Heinimann H R, Hollenstein K, Kienholz H, et al. 1998. Methoden zur analyse und Bewertung von Naturgefahren [J] . Umwelt-Materialien, 85: 248.

Helbing D, Kühnert C. 2003. Assessing interaction networks with applications to catastrophe dynamics and disaster management [J]. Physical A Statistical Mechanics and Its Applications, 328 (3): 584-606.

Horton P, Jaboyedoff M, Rudaz B, et al. 2013. Flow-R, a model for susceptibility mapping of debris flows and other gravitational hazards at a regional scale [J]. Natural Hazards and Earth System Sciences, 13 (4): 869-885.

Hovius N, Stark C P, Allen P A. 1997. Sediment flux from a mountain belt derived by landslide mapping [J]. Geology, 25 (3): 231-234.

Hsieh S Y, Lee C T. 2011. Empirical estimation of the Newmark displacement from the Arias intensity and critical acceleration [J]. Engineering Geology, 122 (1): 34-42.

Hsu K J. 1975. Catastrophic debris streams (sturzstroms) generated by rockfalls [J]. Geological Society of America Bulletin, 86: 129-140.

Hu Y, Wang J, Li X, et al. 2011. Geographical detector-based risk assessment of the under-five mortality in the 2008 Wenchuan earthquake, China [J]. Plos One, 6 (6): e21427.

Hubbard J, Shaw J H. 2009. Uplift of the Longmen Shan and Tibetan plateau, and the 2008 Wenchuan ($M = 7.9$) earthquake [J]. Nature, 458 (7235): 194-197.

Hungr O, Corominas J, Eberhardt E. 2005. Estimating landslide motion mechanism, travel distance and velocity [M] // Hungr O, Fell R, Couture R, et al. Landslide Risk Management. Boca Raton, USA: CRC Press.

Hungr O. 1990. Mobility of rock avalanches [J]. Bosai Kagaku Gijutsu Kenkyujo Kenkyu Hokoku (Report of the National Research Institute for Earth Science and Disaster Prevention), 46: 11-20.

Hungr O. 1995. A model for the runout analysis of rapid flow slides, debris flows, and avalanches [J]. Canadian Geotechnical Journal, 32 (4): 610-623.

Hunter G, Fell R. 2003. Travel distance angle for "rapid" landslides in constructed and natural soil slopes [J]. Canadian Geotechnical Journal, 40 (6): 1123-1141.

Imaizumi F, Sidle R C, Kamei R. 2008. Effects of forest harvesting on the occurrence of landslides and debris flows in steep terrain of central Japan [J]. Earth Surface Processes and Landforms 33: 827-840.

Imaizumi F, Sidle R C. 2007. Linkage of sediment supply and transport processes in Miyagawa Dam catchment, Japan [J]. Journal Geophysical Research 112 (F03012).

Iverson R M, George D L. 2014. A depth-averaged debris-flow model that includes the effects of evolving dilatancy. I. Physical basis [J]. Proceedings of the Royal Society A: Mathematical, Physical and Engineering Sciences, 470 (2170): 20130819.

Jaiswal K, Wald D J, Hearne M. 2009. Estimating Casualties for Large Earthquakes Worldwide Using An Empirical Approach [M]. Virginia, USA: United States Geological Survey.

Janeen B. 1991. Natural Disasters [M]. Hinders Chase, SA: Era Publication.

Jibson R W, Harp E L, Michael J A. 2000. A method for producing digital probabilistic seismic landslide hazard maps [J]. Engineering Geology, 58 (3): 271-289.

Jibson R W, Keefer D K. 1993. Analysis of the seismic origin of landslides: Examples from the New Madrid seismic zone [J] . Geological Society of America Bulletin, 105 (105): 521-536.

Jibson R W. 1993. Predicting earthquake-induced landslide displacement using Newmark's sliding block analysis [J] //Transportation Research Board Business Office. Transportation research record No. 1411: Earthquake-induced ground failure hazards. Washington, DC: Transportation Research Board.

Jibson R W. 2007. Regression models for estimating coseismic landslide displacement [J]. Engineering Geology, 91 (2): 209-218.

Jonkman S N, Penning-Rowsell E. 2008. Human instability in flood flows [J] . Journal of the American Water Resources Association, 44 (4): 1-11.

Kappes M S, Keiler M, von Elverfeldt K, et al. 2012. Challenges of analyzing multi-hazard risk: A review [J] . Natural Hazards, 64 (2): 1925-1958.

Kappes M S. 2011. Multi-Hazard Risk Analysises: A Concept and Its Implementation [D] . Vienna: University of Vienna.

Kaynia A M, Papathoma-Köhle M, Neuhäuser B, et al. 2008. Probabilistic assessment of vulnerability to landslide: application to the village of Lichtenstein, Baden-Württemberg, Germany [J] . Engineering Geology, 101 (1): 33-48.

Keefer D K. 1984. Landslides caused by earthquakes [J] . Geological Society of America Bulletin, 95 (4): 406-421.

Keefer D K. 2002. Investigating landslides caused by earthquakes a historical review [J] . Surveys in Geophysics, 23 (6): 473-510.

Kelfoun K, Druitt T H. 2005. Numerical modeling of the emplacement of Socompa rock avalanche, Chile [J] . Journal of Geophysical Research: Solid Earth, 110 (B12): 2156-2202.

Korup O. 2004. Geomorphometric characteristics of New Zealand landslide dams [J] . Engineering Geology, 73 (1): 13-35.

Kwan J S H, Sun H W. 2007. Benchmarking exercise on landslide mobility modelling-runout analyses using 3dDMM [C] //Ho K, Li V. Proceedings of the 2007 International Forum on Landslide Disaster Management. Hong Kong Geotechnical Engineering Office.

Lan H, Derek Martin C, Lim C H. 2007. RockFall analyst: A GIS extension for three-dimensional and spatially distributed rockfall hazard modeling [J] . Computers and Geosciences, 33 (2): 262-279.

Larsen J L, Montgomery D R, Korup O. 2010. Landslide erosion controlled by hill slope material [J]. Nature Geoscience, 3: 247-251.

Lay T, Kanamori H, Ammon C J, et al. 2009. The 2006 – 2007 Kuril Islands great earthquake sequence [J] . Journal of Geophysical Research: Solid Earth, 114 (B11) .

Legros F. 2002. The mobility of long- runout landslides [J] . Engineering Geology, 63 (3): 301-331.

Li J, Chen C. 2014. Modeling the dynamics of disaster evolution along causality networks with cycle chains [J] . Physical A Statistical Mechanics and Its Applications, 401 (5): 251-264.

Li T. 1983. A mathematical model for predicting the extent of a major rockfall [J] . Zeitschrift für Geomorphologie NF, 27 (4): 473-482.

Li Y, Gong J H, Zhu J, et al. 2013. Spatiotemporal simulation and risk analysis of dam-break flooding based on cellular automata [J] . International Journal of Geographical Information Science, 27 (10): 2043-2059.

Lin C W, Liu S H, Lee S Y, et al. 2004. Impacts of the Chi-Chi earthquake on subsequent rainfall-induced landslides in central Taiwan [J] . Engineering Geology, 86: 87-101.

Lin Q, Wang Y, Liu T, et al. 2017. The vulnerability of people to landslides: A case study on the relationship between the casualties and volume of landslides in China [J] . International Journal of Environmental Research and Public Health, 14 (2): 212.

Luino F. 2005. Sequence of instability processes triggered by heavy rainfall in the northern Italy [J]. Geomorphology, 66 (1-4): 13-39.

Luo W, Jasiewicz J, Stepinski T, et al. 2015. Spatial association between dissection density and environmental factors over the entire conterminous united states [J] . Geophysical Research Letters, 43 (2): 692-700.

Macciotta R, Martin C D, Morgenstern N R, et al. 2016. Quantitative risk assessment of slope hazards along a section of railway in the Canadian Cordillera—a methodology considering the uncertainty in the results [J] . Landslides, 13 (1): 115-127.

Makdisi F I, Seed H B. 1978. Simplified procedure for estimating dam and embankment earthquake-induced failures [J] . American Society of Civil Engineers, Journal of the Geotechnical Division, 104: 849-861.

Malamud B D, Turcotte D L, Guzzetti F, et al. 2004. Landslide inventories and their statistical properties [J] . Earth Surface Processes and Landforms, 29 (6): 687-711.

Mandrone G, Clerici A, Tellini C. 2007. Evolution of a landslide creating a temporary lake: Successful prediction [J] . Quaternary International, 171: 72-79.

Mangeney-Castelnau A, Vilotte J P, Bristeau M O, et al. 2003. Numerical modeling of avalanches based on Saint Venant equations using a kinetic scheme [J] . Journal of Geophysical Research: Solid Earth, 108 (B11): 2527.

Martin Y, Rood K, Schwab J W, et al. 2002. Sediment transfer by shallow landsliding in the Queen Charlotte Islands, British Columbia [J] . Canadian Journal of Earth Sciences, 39 (2): 189-205.

Marzocchi W, Mastellone M, Di Ruocco A, et al. 2009. Principles of multi-risk assessment: Interactions amongst natural and man-induced risks [J] . European Commission.

Medina V, Hürlimann M, Bateman A. 2008. Application of FLATModel, a 2D finite volume code, to debris flows in the northeastern part of the Iberian Peninsula [J] . Landslides, 5 (1): 127-142.

Mejía-Navarro M, Wohl E E, Oaks S D. 1994. Geological hazards, vulnerability, and risk assessment using GIS: Model for Glenwood Springs, Colorado [J] . Geomorphology, 10 (1-4): 331-354.

Mergili M, Jan-Thomas F, Krenn J, et al. 2017. R. avaflow v1, an advanced open-source computational framework for the propagation and interaction of two-phase mass flows [J]. Geoscientific Model Development, 10 (2): 553-569.

Mergili M, Schratz K, Ostermann A, et al. 2012. Physically-based modelling of granular flows with open source GIS [J]. Natural Hazards and Earth System Sciences, 12 (1): 187-200.

Montgomery D R, Dietrich W E. 1994. A physically based model for the topographic control on shallow landsliding [J]. Water Resources Research, 30 (4): 1153-1171.

Moran A, Wastl M, Geitner C, et al. 2004. A regional scale risk analysis in the community of Olafsfjödur, Iceland// Internationales Symposion INTERPRAEVENT 2004-RIVA / T RIENT.

National Institute of Building Sciences. 2002. A Guide to Using HAZUS for Mitigation [R]. Washington D C.

Newmark N M. 1965. Effects of earthquake on dams and embankments [J]. Geotechnique, 15 (2): 139-160.

Nicoletti P G, Sorriso-Valvo M. 1991. Geomorphic controls of the shape and mobility of rock avalanches [J]. Geological Society of America Bulletin, 103 (10): 1365-1373.

Odeh Engineers, Inc. 2001. Statewide hazard risk and vulnerability assessment for the state of Rhode Island. Tech. rep. [R] NOAA Coastal Services Center. http: //www. csc. noaa. gov/rihazard/pdfs/rhdisl_ hazard_ report. pdf.

Okada S. 1992. Indoor-zoning map on dwelling space safety during an earthquake [C]. The Tenth World Conference on Earthquake Engineering, 10: 6037-6042.

Owen L A, Kamp U, Khattak G A, et al. 2008. Landslides triggered by the 8 October 2005 Kashmir earthquake [J]. Geomorphology, 94 (1): 1-9.

Pack R T, Tarboton D G, Goodwin C N. 1998. The SINMAP approach to terrain stability mapping [C] //the 8th congress of the international association of engineering geology, Vancouver, British Columbia, Canada.

Papadopoulos G A, Plessa A. 2000. Magnitude distance relations for earthquake-induced landslides in Greece [J]. Engineering Geology, 58 (3): 377-386.

Papathoma-Köhle M, Zischg A, Fuchs S, et al. 2015. Loss estimation for landslides in mountain areas-an integrated toolbox for vulnerability assessment and damage documentation [J]. Environmental Modelling and Software, 63 (C): 156-169.

Pasquale D, Ferlito G, Orsini R, et al. 2004. Seismic Scenario Tools for Emergency Planning and Management [M]. General Assembly of the European Seismological Commission.

Pastor M, Haddad B, Sorbino G, et al. 2009. A depth-integrated, coupled SPH model for flow-like landslides and related phenomena [J]. International Journal for numerical and analytical methods in geomechanics, 33 (2): 143-172.

Pelletier J D, Malamud B D, Blodgett T, et al. 1997. Scale-invariance of soil moisture variability and its implications for the frequency-size distribution of landslides [J]. Engineering Geology, 48 (3): 255-268.

Pelling M, Maskrey A, Ruiz P, et al. 2004. Reducing disaster risk: A challenge for development [J]. United Nations Development Programme, Bureau for Crisis Prevention and Recovery, New York, USA.

Peng M, Zhang L M. 2012a. Analysis of human risks due to dam-break floods-part 1: A new model based on Bayesian networks [J]. Natural Hazards, 64: 903-933.

Peng M, Zhang L M. 2012b. Analysis of human risks due to dam-break floods-part 2: Application to Tangjiashan landslide dam failure [J]. Natural Hazards, 64: 1899-1923.

Peng M, Zhang L M. 2012c. Breaching parameters of landslide dams [J]. Landslides, 9 (1): 13-31.

Perles Roselló M, Prados F C. 2010. Problems and challenges in analyzing multiple territorial risks. methodological proposals for multi-hazard mapping [J]. Boletın de la Asociación de Geógrafos Espanoles, 52: 399-404.

Perucca L P, Angillieri M Y E. 2009. Evolution of a debris-rock slide causing a natural dam: the flash flood of Rio Santa Cruz, Province of San Juan-November 12, 2005 [J]. Natural Hazards, 50 (2): 305-320.

Pirulli M. 2005. Numerical Modelling of Landslide Runout: A Continuum Mechanics Approach [D]. Torino: Politechnico di Torino.

Pitman E B, Nichita C C, Patra A, et al. 2003. Computing granular avalanches and landslides [J]. Physics of Fluids, 15 (12): 3638-3646.

Pradel D, Smith P M, Stewart J P, et al. 2005. Case History of Landslide Movement during the Northridge earthquake [J]. Journal of Geotechnical and Geo-environmental Engineering, 131 (11): 1360-1369.

Prestininzi A, Romeo R. 2000. Earthquake-induced ground failures in Italy [J]. Engineering Geology, 58 (3): 387-397.

Qi S, Li X, Guo S, et al. 2015. Landslide-risk zonation along mountainous highway considering rock mass classification [J]. Environmental Earth Sciences, 74 (5): 4493-4505.

Reese S, Bell R, King A. 2007a. Risk Scape: a new tool for comparing risk from natural hazards [J]. Water and Atmosphere, 15: 24-25.

Reese S, King A, Bell R, et al. 2007b. Regional Risk Scape: A multi-hazard loss modelling tool [C] //Oxley L, Kulasiri D. MODSIM 2007 international congress on modelling and simulation. New Jersey: Blackwell.

Rescdam. 2000. The Use of Physical Models in Dam-Break Flood Analysis: Rescue Actions Based on Dam Break Flood Analysis [R]. Final report of Helsinki University of Technology, Helsinki, Finland.

Rice R M, Corbett E S, Bailey R G. 1969. Soil slips related to vegetation, topography, and soil in Southern California [J]. Water Resources Research, 5 (3): 647-659.

Rodrıguez C E, Bommer J J, Chandler R J. 1999. Earthquake-induced landslides: 1980-1997 [J]. Soil Dynamics and Earthquake Engineering, 18 (5): 325-346.

Saeki T, Midorikawa S. 2008. Examination on grid size of ground information for evaluating detailed seismic loss [C] . Proceedings of the Annual Conference of the Institute of Social Safety Science, (23): 106-109.

Saeki T, Tsubokawa H, Shiomi K. 1999. A survey of earthquake damage assessments executed by the local governments post the Hyogo-ken Nanbu earthquake [J] . Journal of Social Safety Science, (1): 165-172.

Samardjieva E, Oike K. 1992. Modeling the number of casualties from earthquake [J] . Journal of Natural Disaster Science, 14 (1): 17-28.

Sassa K, Nagai O, Solidum R, et al. 2010. An integrated model simulating the initiation and motion of earthquake and rain induced rapid landslides and its application to the 2006 Leyte landslide [J]. Landslides, 7 (3): 219-236.

Scheidegger A E. 1973. On the prediction of the reach and velocity of catastrophic landslides [J]. Rock Mechanics, 5: 231-236.

Schilling S P, Griswold J P, Iverson R M. 2008. Using LAHARZ to forecast inundation from lahars, debris flows, and rock avalanches: Confidence limits on prediction [C] //AGU Fall Meeting Abstracts.

Schmidt J, Matcham I, Reese S, et al. 2011. Quantitativemulti-risk analysis for natural hazards: A framework for multi-risk modelling [J] . Natural Hazards, 58: 1169-1192.

Seed H B, Lee K L, Idriss I M, et al. 1975. The slides in the San Fernando Dams during the earthquake of February 9, 1971 [J] . Geotechnical Special Publication, 101 (7): 651-688.

Seed H B. 1968. Landslides during earthquakes due to soil liquefaction [J] . Journal of the Soil Mechanics and Foundations Division, 94 (SM5): 1053-1122.

Shi P J, Shuai J B, Chen W F, et al. 2010. Study on large-scale disaster risk assessment and risk transfer models [J] . International Journal of Disaster Risk Science, 1 (2): 1-8.

Shi P J. 2002. Theory on disaster science and disaster dynamics [J] . Journal of Natural Disasters, 11 (3): 1-9.

Simonett D S. 1967. Landslide distribution and earthquakes in the Bavani and Torricelli mountains, New Guinea [J] . Landform Studies from Australia and New Guinea, 64-84.

Simons M, Minson S E, Sladen A, et al. 2011. The 2011 magnitude 9. 0 Tohoku-Oki earthquake: Mosaicking the megathrust from seconds to centuries [J] . Science, 332 (6036): 1421-1425.

Song T R A, Helmberger D V, Brudzinski M R, et al. 2009. Sub-ducting slab ultra-slow velocity layer coincident with silent earthquakes in southern Mexico [J]. Science, 324 (5926): 502-506.

Sperling M, Berger E, Mair V, et al. 2007. Richtlinien zur Erstellung der Gefahrenzonenpläne (GZP) und zur Klassifizierung des spezifischen Risikos (KSR) [R] . Tech. rep., Autonome Provinz Bozen.

Strasser F O, Bommber J J, Sesetyan K, et al. 2008. A comparative study of European earthquake loss estimation tools for a scenario in Istanbul [J] . Journal of Earthquake Engineering, 12 (S2): 246-256.

Tarvainen T, Jarva J, Greiving S. 2006. Spatial pattern of hazards and hazard interactions in Europe [J] //Schmidt-Thomé P. Natural and Technological Hazards and Risks Affecting the Spatial Development of European Regions. Geological Survey of Finland.

Terzaghi K, Peek R B. 1948. Soil Mechanics in Engineering Practice [M]. New York: John Wile.

Thierry P, Stieltjes L, Kouokam E, et al. 2008. Multi-hazard risk mapping and assessment on an active volcano: the GRINP project at Mount Cameroon [J]. Natural Hazards, 45: 429-456.

Tseng G, Lin C, Strark C, et al. 2013. Application of a multi-temporal, LiDAR-derived, digital terrain model in a landslide-volume estimation [J]. Earth Surface Processes and Landforms, 38 (13): 1587-1601.

United States Geological Survey (USGS). 2013. Earthquake facts and statistics [EB/OL]. http:// earthquake. usgs. gov/earthquakes/eqarchives/year/eqstats. php. [2013-9-3].

Uzielli M, Nadim F, Lacasse S, et al. 2008. A conceptual framework for quantitative estimation of physical vulnerability to landslides [J]. Engineering Geology, 102 (3): 251-256.

Van Westen C J, Castellanos E, Kuriakose S L. 2008. Spatial data for landslide susceptibility, hazard, and vulnerability assessment: an overview [J]. Engineering geology, 102 (3): 112-131.

Vigny C, Socquet A, Peyrat S, et al. 2011. The 2010 Mw 8.8 Maule mega thrust earthquake of central Chile, monitored by GPS [J]. Science, 332 (6036): 1417-1421.

Wang F W, Sassa K. 2002. A modified geotechnical simulation model for the areal prediction of landslide motion [J]. In Proceedings of the 1st Europea Conference on Landslides: 735-740.

Wang F W, Sassa K. 2007. Landslide simulation by geotechnical model adopting a model for variable apparent friction coefficient [C] // Proceedings of the 2007 International Forum on Landslide Disaster Management, 2: 1079-1096.

Wang J F, Li XH, Christakos G, et al. 2010a. Geographical detectors-based health risk assessment and its application in the neural tube defects study of the Heshun Region, China [J]. International Journal of Geographical Information Science, 24 (1), 107-127.

Wang J J, Gao H, Xin J F. 2010b. Application of Artificial neural networks and GIS in urban earthquake disaster mitigation [C] //2010 International Conference on Intelligent Computation Technology and Automation. IEEE, 1: 726-729.

Wang J X, Gu X Y, Huang T R. 2013. Using Bayesian networks in analyzing powerful earthquake disaster chains [J]. Natural Hazards, 68 (2): 509-527.

Wang W, Chen G, Zhang Y, et al. 2017. Dynamic simulation of landslide dam behavior considering kinematic characteristics using a coupled DDA-SPH method [J]. Engineering Analysis with Boundary Elements, 80: 172-183.

Wang X. 2008. Geotechnical Analysis of Flow Slides, Debris Flows, and Related Phenomena [D]. Edmonton: University of Alberta.

Weimin D. 2002. Earthquake models for catastrophe risk and their application to insurance [J]. Earthquake Engineering and Engineering Vibration, 1 (1): 145-151.

Whitman R V. 1973. Damage probability matrices for prototype buildings ［J］. Structures Publication: 380.

Whittall J R. 2015. Runout exceedance prediction for open pit slope failures ［D］. Vancouver: University of British Columbia.

Wieczorek G F, Wilson R C, Harp E L. 1985. Map showing slope stability during earthquakes in San Mateo County, California ［C］ // United States Geological Survey. Miscellaneous investigation maps. Reston: United States Geological Survey.

Wu S H, Jin J, Pan T. 2015. Empirical seismic vulnerability curve for mortality: Case study of China ［J］. Natural Hazards, 77 (2): 645-662.

Xie M, Esaki T, Zhou G, et al. 2003. Three-dimensional stability evaluation of landslides and a sliding process simulation using a new geographic information systems component ［J］. Environmental Geology, 43 (5), 503-512.

Xu M, Wang Z, Qi L, et al. 2012. Disaster chains initiated by the Wenchuan earthquake ［J］. Environmental Earth Sciences, 65 (4): 975-985.

Yuan R, Deng Q, Cunningham D, et al. 2016. Newmark displacement model for landslides induced by the 2013 Ms 7.0 Lushan earthquake, China ［J］. Frontiers of Earth Science, 10 (4): 740-750.

Zhou J W, Cui P, Fang H. 2013a. Dynamic process analysis for the formation of Yangjiagou landslide-dammed lake triggered by the Wenchuan earthquake, China ［J］. Landslides, 10 (3): 331-342.

Zhou J W, Cui P, Yang X G. 2013b. Dynamic process analysis for the initiation and movement of the Donghekou landslide-debris flow triggered by the Wenchuan earthquake ［J］. Journal of Asian Earth Sciences, 76 (S1): 70-84.

Zhou J W, Huang K X, Shi C, et al. 2015. Discrete element modeling of the mass movement and loose material supplying the gully process of a debris avalanche in the Bayi Gully, southwest China ［J］. Journal of Asian Earth Sciences, 99: 95-111.